HÄUSER
optimal geplant und preisbewusst gebaut

WOLFGANG GRASREINER

HÄUSER
optimal geplant und preisbewusst gebaut

Das Buch der Ideen und Beispiele

BF

BLOTTNER FACHVERLAG · TAUNUSSTEIN

Redaktionelle Mitarbeit:
Brigida Gonzales, Ralf Heikhaus, Joachim Hoffmann, Günther Franc Kobiela,
Bernhard Müller, Jörg Pfäffinger, André Schneider, Barbara Stierle,
Friedhelm Thomas, Gerd Walther.

Die Deutsche Bibliothek – CIP-Einheitsaufnahme:

Häuser optimal geplant und preisbewusst gebaut :
das Buch der Ideen und Beispiele /
Wolfgang Grasreiner(Hrsg.). –

Taunusstein: Blottner Fachverlag, 2002
ISBN 3-89367-629-5

Bildrechte: Archiv Fachschriften-Verlag GmbH & Co. KG, Fellbach
Umschlaggestaltung: Werner Schur, Metzingen
Druck: Schmidt & more Drucktechnik GmbH, Ginsheim-Gustavsburg

ISBN 3-89367-629-5 / Printed in Germany

DER INHALT

Sparen beim Bau

Variable Häuser

Holz oder Stein

Häuser der Zukunft

Architektur & Landschaft

Individualität statt Alltagsarchitektur

Suchregister

MIT MUCKIS & KÖPFCHEN:

SPAREN BEIM BAU

Preiswertes Wohneigentum für mehr (und vor allem junge) Familien – als das Bundesbauministerium vor einigen Jahren mit diesem Ziel die Initiative „Das junge Haus" startete, mochte niemand so recht an den Erfolg glauben. Aktuelle Analysen attestieren heute dem kostengünstigen Bauen große Marktbedeutung. Sparen beim Bau hat sich auf breiter Basis etabliert. Die Anerkennung als Eigenkapitalersatz und die Möglichkeit, fürs „gleiche Geld" mehr Haus zu verwirklichen, erheben die Eigenleistung zum beliebtesten Spar-Instrument. Doch läßt sich mit Köpfchen fehlendes Muskelpotential glänzend ersetzen.

Mehr Haus für weniger Geld

„Wir hatten ein klares Preislimit vorgegeben. Dafür wollten wir ein Optimum an Wohnwert und Gestaltung." Für dieses Ziel setzten die Bauherren vor das Wohnvergnügen harte Arbeit. Unzählige Stunden verbrachten sie auf der Baustelle, investierten viel Kraft und Nerven. Heute sitzten sie glücklich in ihren eigenen vier Wänden und erzählen stolz über die Zeit des Bauens.

Jeder Architekt hat seinen eigenen Stil. Für Bauherren ist es wichtig, daß der Planer ihre meist vagen Ideen umsetzen kann. Hier schwebte der Bauherrschaft ein helles, ebenerdiges und modernes Gebäude vor. Architekt Herbert entwickelte ein postmodernes Gebäude mit zwei vorspringenden Baukörpern und dachüberkragenden Giebelscheiben. Die Fassadenfarbe vermittelt einen warmen und freundlichen Eindruck.

Einem fertigen Haus ist es nicht anzusehen, wieviel Baukosten eingespart wurden. Das weit verbreitete Vorurteil, billige Häuser müßten auch billig aussehen, ist leicht zu widerlegen. Kostenbewußt bauen heißt nicht automatisch, daß man an der Qualität spart. Abgesehen vom Ärger führt

dies häufig zu Folgekosten, die höher ausfallen als der Einsatz besserer Materialien gleich zu Beginn. Doch auch mit Qualitätsanspruch läßt sich einiges einsparen. Im hier gezeigten Beispiel sollte es eine kleine Villa im mediterranen Stil werden.

Architekt Klaus Herbert übernahm die planerische Arbeit. Viele seiner Vorschläge führten in Gesprächen mit den zukünftigen Hausbesitzern zu einem Entwurf, der den Vorstellungen der Bauherren entsprach, das Preislimit jedoch deutlich überschritten hätte. Deshalb entschied sich die Baufamilie, soviel wie möglich in Eigenregie zu übernehmen. Zuerst überlegten sie genau, was machbar und sinnvoll ist. Hier ist Vorsicht geboten. Wer sich am Anfang zuviel zumutet und dann die eingeplante Leistung nicht erbringen kann, verliert unter Umständen viel Geld.

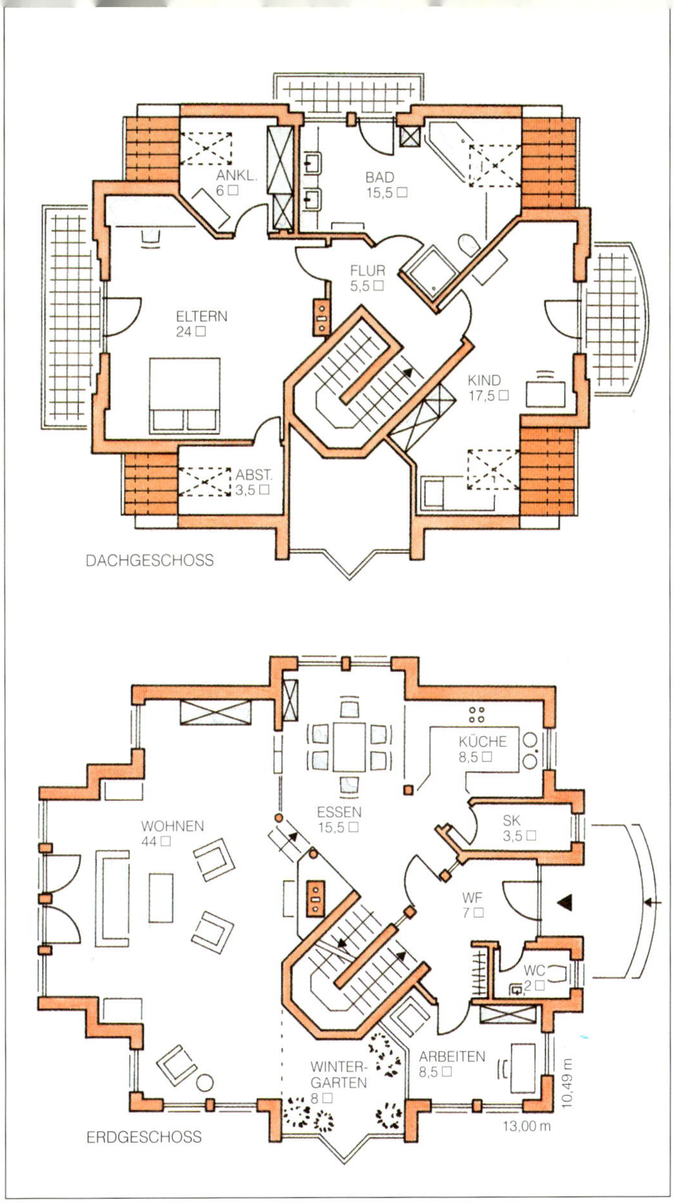

Die Finanzierung geht nicht auf, da in der Eile irgendein Handwerker gesucht werden muß und die Kosten in die Höhe schnellen. Vor Baubeginn muß der Umfang der Eigenleistung noch nicht vollständig festgelegt werden. Auch während der Bauphase können noch Gewerke übernommen und die Kosten zusätzlich gesenkt werden. Meistens wächst das Zutrauen in die eigenen Fähigkeiten mit den Aufgaben. Mit der Zeit kann man die eigene Arbeitskraft besser einschätzen. In den meisten Fällen sind Helfer unerläßlich. Vorab sollte geklärt werden, wer bereit ist, über eine gewisse Zeit regelmäßig zu helfen. Die Bauherren dieses Hausbeispiels hatten je nach Gewerk drei bis vier Helfer.

Schon vor dem eigentlichen Baubeginn gibt es einiges vorzubereiten. In diesem Fall entschied sich die Baufamilie, die Aushubarbeiten mittels geliehener Geräte selbst zu übernehmen. Den Rohbau führte eine ortsansässige Firma aus. Trotz Eigenleistung sollte sich die Bauzeit nicht unendlich in die Länge ziehen. Mit der Vergabe des Rohbaus sparte man viel Zeit. Doch schon nachdem der Keller stand, gab es für die Bauherren wieder Arbeit. Die Außendämmung wurde angebracht und die Zischenräume aufgefüllt. Nach Fertigstellung des Rohbaus standen die Kabelführungsschächte und die Sanitärinstallationen auf dem Arbeitsplan. Sogar leichtere Wand- und Verputzarbeiten im Innenbereich wurden von den Bauherren ausgeführt. Der Innenausbau bot dann klassische Handwerkertätigkeiten wie Tapezieren, Streichen und Bodenbeläge verlegen. Zu guter Letzt galt es den Garten anzulegen. Den Aushub hatte man auf der benachbarten Wiese zwischengelagert, jetzt wurde die Erde zum Modellieren des Geländes verwendet. Dabei wurde gleich doppelt gespart. Zum einen mußte der Aushub nicht weggebracht werden und zum anderen war es nicht nötig, neue Erde zu kaufen.

Mit großem Einsatz wurde das Haus in nur neun Monaten erbaut. Dafür opferte die Baufamilie die Feierabende und fast den gesamten Urlaub. Täglich mußte nach dem Rechten gesehen werden, da auch die Bauleitung in Bauherrenhand lag. So kam zur schweißtreibenden Arbeit auch die Vergabe der Gewerke und die zeitliche Koordination. Von Handwerkern aus der Umgebung wurden Angebote eingeholt, geprüft und die Aufträge schließlich vergeben. Im voraus mußte feststehen, wann welches Material gebraucht wird, um sicher zu gehen, daß man es rechtzeitig bestellt. Die terminlich festgesetzten Arbeiten mußten überwacht werden. Gab es auf der Baustelle Probleme, war Architekt Herbert jeder Zeit zur Stelle. Dafür wurde er stundenweise bezahlt, was dem entstehenden Haus zugute kam und in der Baukasse keine großen Löcher riß. Schon weit vor der Realisierung des Hauses hat sich die Baufamilie intensiv mit dem Thema Bauen und Inneneinrichtung beschäftigt. Ungefähr zwei Jahre verbrachten sie damit, Häuser zu sichten, den Stil der Inneneinrichtung festzulegen und sich über die Farbgebung klar zu werden.

So realisierte sich die Bauherrschaft ihr Traumhaus, ohne Kompromisse und größere Abstriche. Eigenleistung kann ein Weg sein, mit dem vorhandenen Kapital entweder ein größeres oder ein besser ausgestattetes Eigenheim zu bauen. Frei nach dem Motto: mit viel Eigeninitiative mehr Haus für weniger Geld.

DATEN & FAKTEN

Architekt: Dipl.-Ing. Klaus Herbert, Landstr. 13, 63939 Wörth/Main, Tel. (09372) 6888, Fax (09372) 6844.
Baukosten: reine Baukosten 200000 €, bewert. Eigenleistung 60000 €, Nebenkosten inkl. Arch.hon. 25000 €, Außenanl. 10000 €.
Baujahr: 1994.
Außenmaße: 10,49 m x 13,00 m.
Wohnflächen: EG 97 m², DG 72 m².
Bauweise: Außenwände por. Ziegel 30 cm, Innen por. Ziegel + Kalksandstein 11,5 cm und 24 cm; Kunststoffrahmenfenster mit Wärmeschutzglas, Vollkeller.
Dach: Satteldächer 37° geneigt, Pfetten-/Sparrenkonstruktion, Hartschaumdämmung 17 cm, Eindeckung Ziegel.
Haustechnik: Öl-Niedertemperaturheizung, zentral; Fußbodenheizung, zusätzlich Einzelraumheizung und Kachelofen.

Das Alte lassen und Neues tun

„Sparen beim Hausbau beginnt im Kopf." Mit perfekter Planung, vorgefertigten Beton-Elementen, Bescheidenheit bei der Ausstattungs-, Grundstücks- und Raumbemessung setzte Architekt Andreas Corneliussen diese Auffassung beim eigenen Bauvorhaben konsequent um. Und rettete ganz nebenbei ein altes landwirtschaftliches Anwesen vor dem Abriß.

Der geneigte Betrachter ist sich gar nicht so sicher, was er denn an diesem Bauvorhaben im nördlichen Ruhrgebiet mehr bewundern soll: die bezaubernde Einbindung eines modernen Baukörpers in ein landwirtschaftliches Anwesen, das funktionale Raumangebot für eine acht(!)köpfige Familie in einem derart zierlich wirkenden Gebäude oder die Baukosten von gerade mal 150 000 Euro? – Also der Reihe nach!

Waltrop ist eine kleine Stadt mit landwirtschaftlich geprägter Geschichte. Noch sind im Stadtkern einige ehemalige Gehöfte verblieben,

doch der nimmersatte Arm profitorientierter Bauverdichtung streckte bereits seine Klauen nach dem einen oder anderen Bauernhof aus; der entsprechende Bebauungsplan hatte bereits die behördlichen Hürden genommen. Als ein kleiner Grundstücksstreifen von knapp 550 qm von diesem Anwesen abgetrennt werden sollte und damit der Abriß des alten Backhauses anstand, trat der Architekt und spätere Bauherr Andreas Corneliussen mit einem Alternativ-Vorschlag auf den Plan. Um die Geschichte abzukürzen: Es ist erfreulich, daß es auf Stadtbauämtern noch Einsicht gibt. Das Ergebnis, wie es sich

Mit offenen Räumen und einfachen Materialien schuf Architekt Corneliussen Platz für seine achtköpfige Familie – zum kleinen Preis. Sollte der Platz dennoch einmal knapp werden, öffnen geschoßhohe Fenster die Türen in einen bereits vorgeplanten, giebelseitigen Erweiterungsbau. Ebenso gut kann aber auch das renovierte Backhäuschen – heute Architekturbüro – zu Wohnzwecken angebunden werden.

Außen wie innen: ästhetische Qualität statt sinnlosem Pomp

heute präsentiert, gereicht der Stadt zu Ehre. Anstatt sich über einen viergeschossigen Bauklotz für Eigentumswohnungen ärgern zu müssen, freuen sich nicht nur die Besitzer des alten Hofes darüber, daß dieser für Wohnzwecke und auch das Backhaus erhalten blieb. Ein Stück Stadtgeschichte ist für die Nachwelt gerettet.

Für seinen Neubau griff Corneliussen die Proportionen des alten Backhauses auf, setzte ruhige, verputzte Wandflächen und klar gegliederte Glasflächen gegen die differenzierte Fachwerkkonstruktion des Altbaus (der behutsam rennoviert heute das Architekturbüro beheimatet). Offene Großräume im Erd- und Dachgeschoß (Verzicht auf Innenwände und Türen), ein sorgfältig vorgeplanter Rohbau aus schlanken Betonfertigteilen (Baufertigstellung in vier Monaten), innenseitig Sichtbeton, gestrichen und in Naßbereichen klarlackiert (keine Innenputz- und Fliesenarbeiten), Bodenbeläge auf gespachteltem Beton (keine zeitraubenden Estricharbeiten) erklären sowohl die optimale Raumnutzung als auch die niederen Baukosten (ca. 1 100 €/qm Wohnfläche).

Darüber hinaus verzichtete Corneliussen auf den Keller (ein Lagerkeller befindet sich im alten Backhaus). Die Sohlplatte liegt ohne Streifenfundamente auf dem Schotterpaket. Stützen (statt tragender Innenwand) und filigrane, geradläufige Wangentreppen aus feuerverzinktem Stahl, ein Sparrendach mit sichtbaren, sägerauhen Holzbalken und Aufsparrendämmung sowie eine winzige Heizung (Gastherme und dezentrale Warmwasserbereitung) sind weitere Bausteine der optimalen Flächenausnutzung und Baukosteneinsparung.

Wer derart kosten- und gewerkereduziert bauen will, muß perfekt vorplanen. Daß sich Corneliussen auf diesen Part bestens versteht, zeigt auch die nächste Finte: Wohl wissend, daß eine Erweiterung wahrscheinlich einmal unumgänglich wird, hat er dennoch auf den Bau eines größeren Baukörpers mit Ausbauoption verzichtet. Der giebelseitige Anbau ist gleichwohl schon heute vorprojektiert und genehmigt. Baukosten samt Zinsen werden dafür erst später fällig – wenn überhaupt.

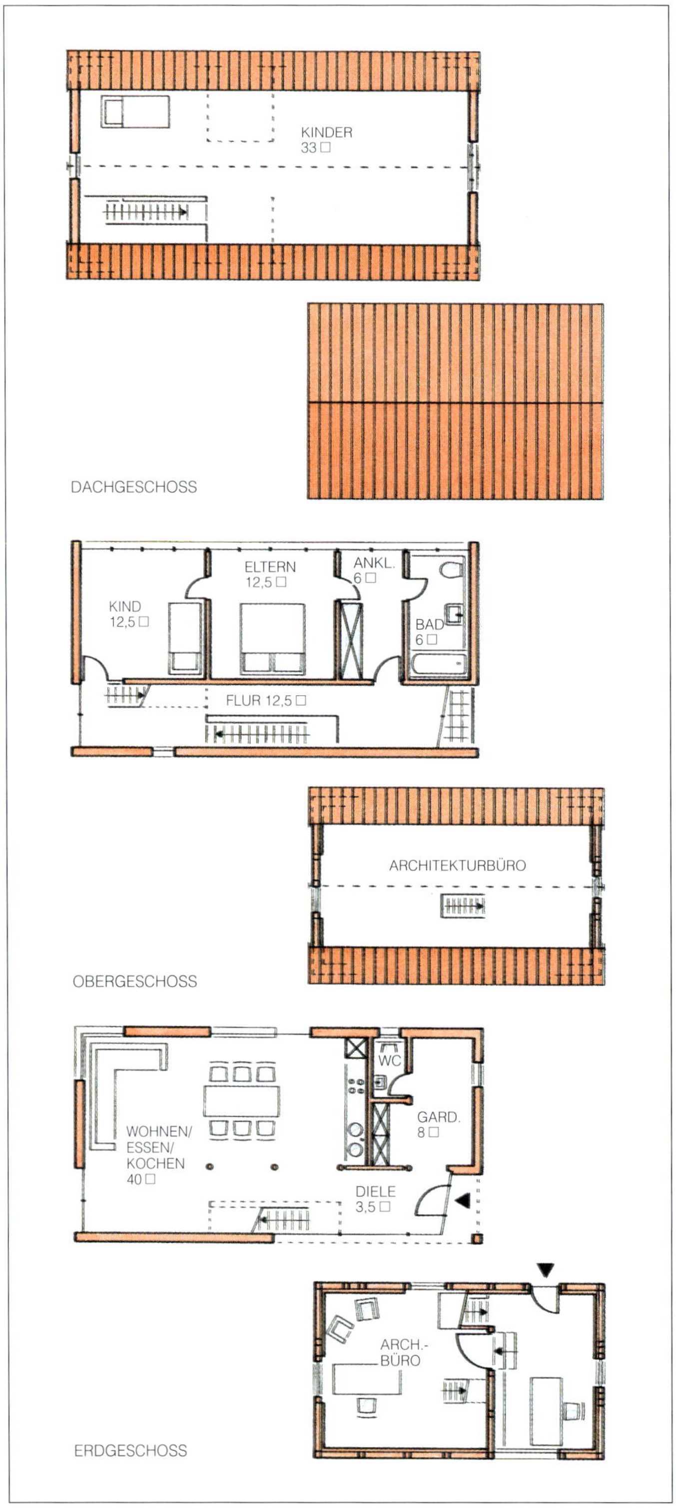

Der Charakter des ehemaligen Bauernhofes (Foto) ist erhalten geblieben.

DATEN & FAKTEN

Architekt: Büro Corneliussen & Partner, Dortmunder Str. 63, 45731 Waltrop, Tel. (0 23 09) 12 33, Fax (0 23 09) 23 33.
Baukosten: reine Baukosten 125 000 €, Nebenkosten inklusive Architektenhonorar 25 000 €, Außenanlagen inklusive Ver- und Entsorgungsanschlüssen 25 000 €.
Baujahr: 1996.
Außenmaße: 5,80 x 11,20 m.
Wohnflächen: EG 53 m^2, OG 50 m^2, DG 33 m^2
Bauweise: Außenwände Beton-Fertigteile 5 cm, Hartschaumdämmung 10 cm, Innenwände Porenbeton 10 cm; Beton-Fertigteildecken; Kunststoffrahmen-Fenster mit Isolierverglasung (k-Wert 1,3 W/m^2K); geradläufige Stahlwangentreppen mit Edelstahllaufflächen; textile Fußbodenbeläge; nicht unterkellert, Sohlplatte ohne Fundamentstreifen auf Schotterpaket und Dämmschicht.
Dach: Satteldach 50° geneigt, Sparrenkonstruktion, 10,5 cm Polyurethan-Aufsparrendämmung, Betondachsteine
Haustechnik: Gastherme über Heizkörper, dezentrale Warmwasserbereitung.
Wärmebedarf: k.A.
Produktinfos: Mauerwerk – Beton Info, Hebel; Dämmung – Industrieverband Hartschaum; Stützen und Treppen – Informationszentrum Stahl.

Viele Wege führen zum preiswerten Eigenheim

Sparen beim Bau ist eine vielschichtige Angelegenheit: Ob man tatsächlich bei den Erstellungskosten auf Dauer mehr sparen kann als beim Betrieb, wird erst die Zukunft weisen. So läuft der „Bau-Sparer" immer auf einem schmalen Grad zwischen gutem Spar-Willen und sparen am falschen Ende. Wo Sie letztendlich sparen wollen, bleibt ganz alleine Ihre Entscheidung. Wo sie sparen können, läßt sich beispielhaft von A bis Z auflisten.

Die zentrale Entscheidung für das Gelingen eines Bauvorhabens ist die Auswahl des **Architekten.** Er ist für die kostenbewußte Planung verantwortlich und überwacht in der Bauphase die Ausführung der Eigenleistung, die Einhaltung des Kostenrahmens und des Zeitplans.

Nicht zuletzt aber leistet er auch einen wesentlichen Teil der **Beratung** des Bauherrn. Die gesetzlichen Bestimmungen zur steuerlichen Behandlung und zur Förderung des Bauvorhabens (oder neuer Technologien) unterliegen laufender Änderungen. Auskünfte über den aktuellen Stand erteilen natürlich auch Baubehörden, Ministerien oder Finanzdienstleister.

Entscheidend für die Baukosten ist natürlich die Größe und Form des Gebäudes. Aber auch an Gebäude- und Bauteilen läßt sich sparen. Ein **Carport** etwa ist ein guter Kompromiß zur Garage. Je einfacher das **Dach** ausgebildet ist, desto billiger. Ein sehr steiles Dach weist eine große Fläche auf, die natürlich eingedeckt sein will. Soll das Dachgeschoß zu Wohnzwecken ausgebaut werden, wird der Dachaufbau teurer.

Durch **Eigenleistung** kann viel gespart, aber auch die bessere Ausstattung zum Preis der Fremdleistung bezogen werden. Aber nicht alles ist für jeden machbar, und immer ist zu bedenken, daß jedem nach anfänglichem Elan irgend wann einmal die Luft ausgeht. Eine ausführliche Tabelle auf der nächsten Seite gibt Auskunft über die Einsparpotientiale der einzelnen Gewerke.

Die Landesbauordnungen schreiben vor, daß in jedem Aufenthaltsraum ein **Fenster** sein muß, das mindestens ein Achtel der Raumgrundfläche messen muß. Größere Fenster sind teurer, und da sie dämmtechnisch eine Schwachstelle in der Fassade darstellen, sollte immer überlegt werden, ob größere Fenster als vorgeschrieben eingebaut werden.

Wieviele Wände, Fenster und Innentüren eingebaut werden, definiert der **Grundriß.** Grundsätzlich sind einfache Grundrisse billiger, denn es sind weniger Wände etc. nötig und einfachere Konstruktionen möglich.

Die Wärmeleistung einer **Heizung** kann allemal kleiner ausgelegt werden, als vom Heizungsplaner errechnet. Die Leistung ist auf eine Daueraußentemperatur von -15° C ausgelegt, was hierzulande nur in Spitzen oder nie erreicht wird. Gas-Thermen benötigen wenig Platz, ggf. keinen Schornstein und kein Brennstofflager im Haus.

Je teurer die **Innenwand**, desto teurer die Wohnfläche. Durch geschickte Grundrißplanung läßt sich der Anteil der Innenwände gering halten. Werden nichttragende Innenwände in Leichtbauweise erstellt, sind später problemlos Grundrißänderungen möglich.

Ist der Baugrund felsig oder der Grundwasserspiegel hoch, wird ein **Keller** unverhältnismäßig teuer. Ansonsten sollte der Kellerverzicht wohl überdacht sein. Unsere Erfahrung: Viele „Bodenplatten"-Bauherren vermissen den Keller später schmerzlich.

Auch Eigentümer von selbstgenutztem Wohnraum haben im Rahmen des Wohngeldgesetzes Anrecht auf **Lastenzuschüsse**. Einzelheiten hierzu erfahren Sie bei den zuständigen Behörden.

In unterschiedlichen Zeitintervallen unterliegen alle **Materialien** dem Verschleiß. In Kenntnis des eigenen Wohnverhaltens lassen sich Teile des Hauses mit preiswerten Materialien erstellen, die später gegen höherwertige ausgetauscht werden können.

Nachgenehmigungen unterbrechen den Bauablauf und verursachen Ärger. Wer die Bauauflagen einhält, muß in einigen Bundesländern die behördliche Baufreigabe nicht abwarten.

Üblicherweise werden hierzulande die **Oberflächen** der Wände sehr aufwendig hergestellt. Sichtmauerwerk und einfache Anstriche können chique aussehen und sind preiswert.

Die Fehler, die zu Beginn der **Planung** gemacht werden, können später meist nur mit hohem Aufwand ausgeglichen werden. Drei wichtige Punkte zur Kostenbegrenzung sind: knappes Raumprogramm; einfacher, klarer Entwurf; rationeller Bauablauf.

Der **Raumbedarf** einer Familie bleibt nicht gleich. Je weniger einzelne Räume ein Haus hat, um so billiger wird die spätere Umnutzung.

Fachleute gewinnen geradlinigen, unverschnörkelten Baukörpern den höchsten ästhetischen Wert ab. **Stil** ist keine Frage der Anzahl von Erkern, Gauben, verspielten Dächern und Schnörkeln.

Jede weggelassene **Tür** spart etwa 500 Euro. Zwar wird die Haustür oft als Visitenkarte dargestellt, doch ist sie ohne Seitenverglasung meist viel sicherer.

Jeder qm Wohnfläche weniger spart minimum 750 Euro. Warum also sollten **Verkehrsflächen** nicht so geplant werden, um sie zugleich als Wohnraum nutzen zu können?

Verordnungen geben heute den **Wärmeschutz** rigide vor. Mehr als gesetzlich vorgeschrieben ist nicht notwendig.

Kleine Plätze zwingen in die Höhe. **Zwei Vollgeschosse** schaffen mehr Wohnfläche bei gleicher Grundfläche.

Bei welchen Gewerken spart man wieviel?

Gewerk	Durchschnittlich benötigte Menge 1), 2)	Anteil an den Baukosten im Mittel 2), 3)	Mittlere Kosten des Gewerks in € ca. inkl. MwSt.	Lohnanteil an den Kosten des Gewerks ca.	Benötigte Arbeitszeit für das gesamte Gewerk 2) in Stunden ca.	Ersparnis in € pro selbstgeleisteter Arbeitsstunde ca.	Gesamtersparnis in € am Gewerk ca.	Gewerk für Selbstbauer geeignet?
Geräte und Maschinen	4)	0,9%	1 650	–	–	–	–	–
Erdaushub, teilweise abtransportiert	250 m^3	2,1%	3 850	–	–	–	–	nein
Bodenplatte und Entwässerung	25 m^3	6,1%	11 000	40%	105	42	4 400	ja 5)
Mauerwerk, Stürze, Schornstein	130 m^3	28,8%	52 250	45%	690	34	23 512	ja
Fertigteildecken, Ringanker	160 m^2	7,6%	13 750	25%	80	43	3 437	Mithilfe möglich
Dachstuhl/ Massivdach	1	4,2%	7 700	–/25%	–/60	–/32	–/1 925	nein/ Mithilfe möglich
Dacheindeckung	130 m^2	2,4%	4 400	40%	85	21	1 760	bedingt
Regenrinne	20 m	0,6%	1 100	50%	23	24	550	bedingt
Kelleraußenwandabdichtung	100 m^2	1,5%	2 250	50%	65	21	1 375	ja
Drainage	1	1,2%	2 200	40%	45	20	880	ja
Fenster	15	7,0%	12 650	10%	26	48	1 265	bedingt
Haustür	1	1,2%	2 200	15%	6	55	330	bedingt
Heizungsinstallation	1	5,5%	9 900	25%	120	21	4 275	Mithilfe möglich
Sanitärinstallation	1	2,1%	3 850	40%	80	20	1 540	Mithilfe möglich
Elektroinstallation	1	2,4%	4 400	40%	95	18	1 760	Mithilfe möglich
Innenputz	285 m^2	3,0%	5 500	75%	215	20	4 125	bedingt
Estrich	190 m^2	2,1%	3 850	–	–	–	–	nein
Teppichboden	105 m^2	1,5%	2 250	35%	25	38	962	ja
Bodenfliesen	75 m^2	2,7%	4 950	50%	140	18	2 475	ja
Innentüren	12	1,8%	3 300	25%	20	42	825	ja
Treppen	2	3,0%	5 500	30%	80	21	1 650	bedingt
Tapeten, Anstrich	220 m^2	2,1%	3 850	60%	120	20	2 310	ja
Deckenverkleidung mit Gipskarton	140 m^2	2,4%	4 400	65%	110	26	2 860	ja
Badausbau	1	3,0%	5 500	40%	100	22	2 200	ja
Außenputz	140 m^2	3,3%	6 100	80%	220	22	4 840	bedingt
Gerüstbau	180 m^2	1,2%	2 200	–	–	–	–	nein
Summe		100%	180 550	Ø 37,2%	2 510	Ø 27	67 456	

Alle Angaben ohne Gewähr.
1) Unser „Durchschnitts-Einfamilienhaus" hat eine Grundfläche von etwa 8,00 x 11,00 Meter, 700 Kubikmeter umbauten Raum, Keller, Erdgeschoß und ausgebautes Dachgeschoß, Satteldach, keine Gauben, gute Ausstattung. Preis schlüsselfertig: ca. 182 000 Euro.
2) Die Daten können nur als grobe Kalkulationshilfe verstanden werden. Beim individuell geplanten Haus können einzelne Werte stark von den hier angegebenen Werten abweichen. Zudem sind regional bedingte Preisdifferenzen zu beachten. Die angegebenen Arbeitszeiten sind unter anderem abhängig von der körperlichen Verfassung, von der persönlichen Motivation, von den individuellen Baustellenverhältnissen und von der Witterung (Rohbau).
3) Zu den Baukosten kommen noch die Kosten für Grundstück, Notar, Planung, Erschließung, Bauleitung usw. hinzu.
4) Schlagbohrmaschine, Kreissäge, Betonmischmaschine, usw.
5) Betonieren mit Betonpumpe und Lieferbeton.
Quelle: Erhebungen Dipl.-Ing. Ronald Meyer

Der Bauplatz ist das Maß

Beschaffenheit und Lage eines Grundstücks setzen Maßstäbe bei der Planung des Hauses. Der Architekt hat die Aufgabe, natürliche Gegebenheiten mit den Wünschen der Bauherren in Einklang zu bringen. Daß aus dieser Gradwanderung zwischen Möglichem und Unerfüllbarem Häuser mit besonderer Finesse hervorgehen können, zeigen nachfolgende Beispiele. Äußerlich entsprechen sich die gezeigten Gebäude in ihrer langgestreckten, schmalen Form. Die innere Gestaltung und Aufteilung jedoch unterscheidet sich aufgrund verschiedener Ausgangslagen und Bedürfnissen grundsätzlich.

Zur Seite gerückt

Langgestreckt, mit dem Charme einer alten Stadtmauer, liegt dieses Haus an der Nordseite seines Grundstücks. So auf die Seite gerückt, läßt es ein Optimum an Gartennutzung zu. Mit der ungewöhnlichen Nutzung des Grundstücks erfüllte Architektin Karola Hoffmann den Wunsch der Bauherren nach einem lichtdurchfluteten Haus mit möglichst großem und sonnigem Garten. Eine Terrasse ist vor die Giebelseite des Hauses gesetzt, umgeben von hohen Mauern. An das Wohnzimmer angeschlossen entstand in dem dicht bebauten Wohngebiet ein geschützter Außenbereich, in dem man sich ungestört aufhalten kann. Ein Durchgang verbindet den Freisitz mit dem Garten.

Erdgeschoßebene und Garten liegen tiefer als die Umgebung, da der Bebauungsplan eine Traufhöhe vorschrieb, die nicht ohne weiteres eingehalten werden konnte. Durch die schmale, zweigeschossige Bauweise mit flachem Dach wäre man über Soll-Traufhöhe gekommen, weshalb das Haus „eingegraben“ wurde. Um den Höhenunterschied zu überbrücken und zu festigen, ist der gesamte Garten von einer sitzbankhohen Mauer und einer dahinterliegenden Buchenhecke umgeben. So abgeschirmt, sind die nahen Nachbarhäuser kaum zu sehen, man fühlt sich ungestört und geborgen. Das anfängliche Problem wurde durch geschickte Planung zum Vorteil verkehrt – der Niveauunterschied optisch geschickt kaschiert.

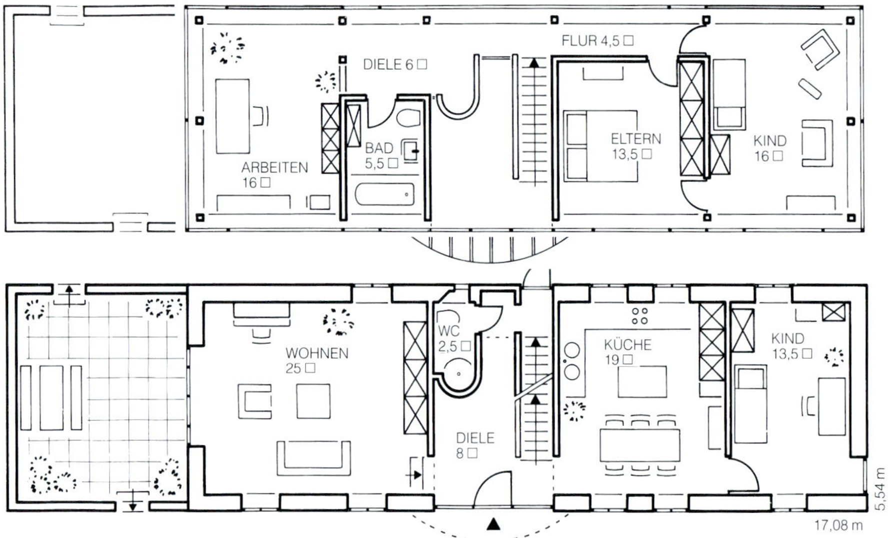

Dem ziegelverblendeten Baukörper hat die Architektin

ein leichtes, luftiges Dach aufgesetzt: Die umlaufende Verglasung scheint die Dachkonstruktion zu tragen – eine Stahlaussteifung macht's möglich. Licht ist Trumpf im Obergeschoß. Auch die unteren Zimmer sind durch die langgestreckte, einraumtiefe Bauweise hell und freundlich. Ohne Hindernisse gelangen die Sonnenstrahlen in jeden Winkel.

Die zweigeschossig verglaste Eingangshalle in der Mitte des Gebäudes erschließt alle Räume und trennt zugleich Funktionsbereiche ab. Das Dachgeschoß ist in Arbeits- und Schlaftrakt gegliedert, während im Erdgeschoß Koch-/Eßbereich auf der einen und Wohnbereich auf der anderen Seite des Eingangs angeordnet sind. Das Wohnzimmer ist zwei Stufen abgesenkt, um Terrassenniveau zu erreichen. Zuätzlich wurde Raumhöhe gewonnen. Die massive Treppe dominiert den bis unters Dach offenen Eingangsbereich. Das Gäste-WC mit Dusche zeichnet sich hier mit seiner Tonnenform markant ab, zieht eine Säule in den freien Raum. Auf der Galerie bildet sie einen kleinen Balkon aus, gleich einer Loge über dem Eingang zur Begrüßung der Gäste.

Daten & Fakten

Planung: Architekturbüro Karola Hoffmann, Messdorferstr. 30, 53121 Bonn, Tel. (0228) 667453, Fax (0228) 9876136.
Bauweise: Außenwände porosierter Ziegel, 8 cm Mineralwolledämmung, Verblender aus Ringofenziegel; Innenwände: 11,5 cm Kalksandstein, verputzt; Vollkeller.
Dach: Satteldach 32° geneigt, mit eingespannten Stahlstützen; Ziegeleindeckung.
Heizung: Nahwärme-Zentralheizung inkl. Warmwasserbereitung, Heizkörper.
Wohnfläche: EG 69 m², DG 66 m².
Baukosten: reine Baukosten 200000 €, bewertete Eigenleistung 10000 €, Nebenkosten inklusive Architektenhonorar 17500 €, Außenanlage 10000 €.

Bergab zum Teich

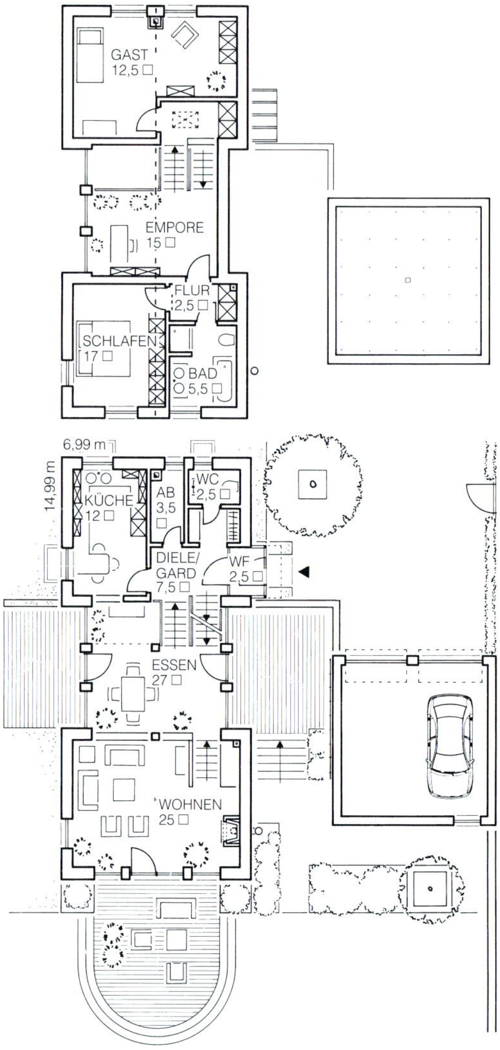

Die Eheleute Setzepfandt wollten kein luxuriöses Haus. Es sollte schlicht sein, auf das Grundstück zugeschnitten und ihren Bedürfnissen entsprechen. Was dann in Zusammenarbeit mit Architekt Fred J. Störmer entstanden ist, kann sich sehen lassen. Wohnhaus und Garage bilden ein kleines Ensemble in einer klaren und sachlichen Formensprache.

Über den Baustoff Kalksandstein wurden sich die Eheleute und der Architekt schnell einig. „Kalksandstein ist einfach ein schöner, heller Stein", so der Bauherr. Außen wurde er als Verblender sichtbar eingesetzt, im Innenbereich wurde weiß verputzt.

Für die weiteren Planung bestimmte das Gelände erst einmal die Marschroute. Ein Höhenunterschied von 2,50 m mußte überwunden werden. „Es war also keineswegs so, daß wir gesagt haben, wir möchten jetzt so ein 'zappeliges Haus' mit vielen verschiedenen Ebenen", beschreibt Wolfgang Setzepfandt die Ausgangslage für die Planung. Eine Einliegerwohnung wäre für die Eheleute durchaus ein Kompromiß gewesen. Aber sie wollten auch vom Wohnzimmer aus einen ebenerdigen Zugang zum Garten haben. Letztere Vorgabe setzte der Architekt dann konsequent um. Küche und Eingangsbereich blieben auf Höhe der Straße, während der Wohnbereich auf Gartennivau liegt.

Mit dem stufenweisen Gefälleausgleich enstanden in Split-Level-Bauweise schließlich fünf Ebenen, die über eine „schwebende" Treppe aus Stahlwangen miteinander verbunden sind. Die offene Bauweise mit ineinandergreifenden Räumen verschiedener Höhe vermittelt beachtliche Großzügigkeit. Geschosshohe Fenster an Giebel- und Traufseite unterstützen diesen Eindruck und lassen zu jeder Tageszeit viel Licht ins Innere.

Die innere Erschließung zeigt sich logisch und attraktiv in gleichem Maße. Vom Eingangsbereich überblickt man weite Teile des Hauses. Die beiden Halbebenen nach oben nehmen Schlafraum mit Bad und Gästezimmer auf. Nach unten folgt zunächst der Eßplatz. Ihm lagern sich zwei weitere Terrassen seitlich an, eine greift in den Garten, die andere bildet mit der Garage ein geschütztes Höfchen. Ganz unten schließlich öffnet sich das Wohnzimmer mit stolzen 3,50 m Raumhöhe zur Halle. Hier kann der Blick auch hinaus in den Garten schweifen, wo die vorgelagerte Terrasse sich wie eine Halbinsel in den gigantischen Teich vorwagt.

Daten & Fakten

Architekt: Dipl.-Ing. Fred-Jürgen Störmer, Am Spaltmannsfeld 20, 46485 Wesel, Tel. (0281) 98680, Fax (0281) 986810.
Bauweise: Außenwände 17cm Kalksandstein, 6 cm Mineralwolledämmung, 11,5 cm Kalksandstein-Sichtmauerwerk; Innenwände11,5 cm und 17 cm Kalksandstein verputzt; Holzrahmenfenster mit Isolierglas; Stahlwangentreppe, Laufflächen Buche; Bodenbeläge Buchenparkett; Unterkellerung unterteilt in Kriech- und Nutzkeller.
Dach: Satteldach, 18 cm Mineralwolledämmung, Eindeckung Tonpfannen.
Haustechnik: Gas-Niedertemperatur-Zentralheizung, Fußbodenheizung, Kamin.
Wohnfläche: insgesamt 130 m^2.
Baukosten: Auf Anfrage.

Dem Einerlei turmhoch überlegen

Ein großes Grundstück mitten im Ort – da muss doch jeder Bauträger zugreifen. Oder auch nicht, wenn zum Beispiel wie hier nur ein ganz kleiner Teil dieses Plätzchens bebaut werden darf. Hier hört die Bauerei auf, die Architektur beginnt. Entstanden ist in dem folgenden Fall ein bemerkenswertes und ungewöhnliches Haus, das sich flexibel bewohnen lässt.

Eine Bauplatzgröße von 730 Quadratmetern ist nicht gerade klein zu nennen, aber das hilft nicht viel weiter, wenn die Auflage „straßenbegleitende Bebauung" lautet. Die Folge: Gerade mal 90 Quadratmeter hat die Baufamilie dieses Hauses in Waldenbuch, südlich von Stuttgart, davon bebaut.
Als hätten Planer und Bauherren die Werbeformel „Quadratisch, praktisch, gut" des hier ansässigen Schokoladenherstellers verinnerlicht, basiert der Grundriss auf einem Grundquadrat, das je nach Bedarf und Funktionalität erweitert wurde. Vier Geschosse bei solch knappen Außenmaßen ergeben – von Süden her betrachtet – einen veritablen Turm. Von der Straßenseite hingegen sind nur zwei Geschosse sichtbar.
„Maisonettartig erstreckt sich das Wohnen bis zur Garten-

Großer Wert wurde darauf gelegt, dass alle Geschosse von Süden her großzügig belichtet werden und dass alle Geschosse an die umgebenden Freiflächen angebunden sind. Dank der extremen Südhanglage bietet sich den Bewohnern von vielen Stellen aus eine schöne Aussicht.

ebene", erklärt Architekt Mathias Hähnig. „Alle Geschosse sind über großzügige Fensteröffnungen nach Süden orientiert und belichtet." Wie die anderen im Titelthema vorgestellten Häuser, passt sich auch dieses harmonisch in seine Umgebung ein, ohne sich anzubiedern. Die vorgehängte Balkonstahlkonstruktion, die gleichzeitig dem konstruktiven Sonnenschutz dient, verleiht dem Gebäude einen modernen Touch. „Die Wohnung ist in allen Geschossen an die umgebenden Freiflächen angebunden", sagt Hähnig, der im übrigen auf die Funktionalität dieses Hauses verweist. „Das Gebäude ist als Mehrgenerationenhaus geplant, so dass verschiedene Additionen, Verknüpfungen der einzelnen Geschosse und Flächen möglich sind." Eine Fach-Jury der Architektenkammer Baden-Württemberg war so angetan von dem Haus, dass sie eine „Auszeichnung guter Bauten" aussprach. Aus der Begründung: „Es entstand ein sympathisches Haus mit guter Wohnqualität."

„Das äußere Erscheinungsbild ist durch eine schlichte Putzfassade, verzinkte Stahlbauteile und ein großflächiges, holzverschaltes Scheibenelement auf der Südseite geprägt", beschreibt Architekt Mathias Hähnig das Gebäude. Die obere Ausnahme verdeutlicht, wie gut sich das Haus in die Zeile einfügt.

Architekt:

Dipl.-Ing. Mathias Hähnig, Karlstr. 36, 72135 Dettenhausen, Fon (07157) 61034, Fax (07157) 65553.

Baukosten:

Reine Baukosten 295000 €, bewert. Eigenleistung 20000 €, Nebenkosten inkl. Architektenhonorar 41000 €, Außenlage 2500 € (1993/94).

Außenmaße:

8 m x 8 m.

Wohnflächen:

2. UG 90 m², 1. UG 90 m², EG 64 m², OG 64 m².

Bauweise:

Außenwände porosierter Ziegel 36,5 cm, Innenwände Kalksandstein 11,5 cm, alle Wände verputzt, Stahlbetondecken; wärmeschutzverglaste Holzrahmen-Fenster 1,3 W/m²K, Holztreppen mit Massivholz-Stufen, Bodenbeläge Holz; Vollkeller.

Dach:

Zeltdach 24°, Pfetten-/Sparrenkonstruktion. Dämmung 18 cm, Eindeckung Tondachziegel.

Haustechnik:

Gas-Brennwertheizung, Wärmeübertragung über Heizkörper; Kaminofen; Warmwasser zentral.

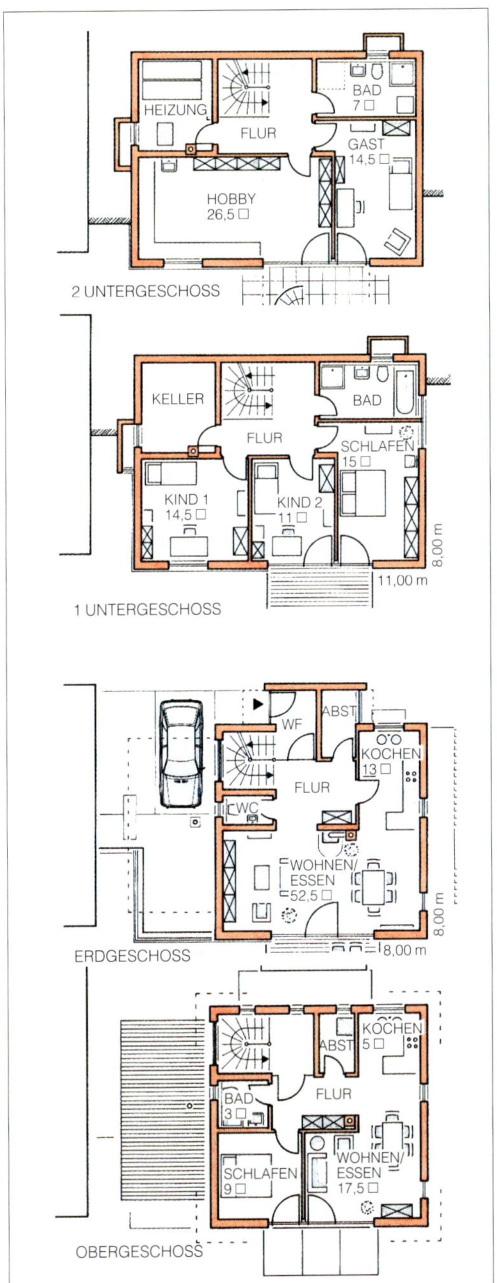

KLEINER BAUPLATZ, TOLLE HÄUSER

Man muss nicht in die Großstadt, um festzustellen, dass viele Häuslebauer raus müssen, um sich ihren Traum vom Eigenheim zu erfüllen. Grundstücke die bis zu 600 Euro pro Quadratmeter kosten, erübrigen in der Regel jede Diskussion. Angehende Bauherren sollten aber nicht zu früh aufgeben, denn es gibt bezahlbare Möglichkeiten, innerhalb der Stadtmauern zu bauen, wie unser Titelthema zeigt.

Wenn ein Häuschen entsprechend klein und nicht zu üppig ausgestattet ist, kann es heuer durchaus passieren, dass das Grundstück auf dem dieses Häuschen steht, teurer ist als das Haus selbst. Was nützen da alle Strategien, sparsam zu bauen, wenn die Bodenpreise alles wieder zunichte machen, könnte man fragen.

Klagen hilft nicht weiter. Jeder Bauherr sollte auch in sich gehen: Brauche ich wirklich 400 m^2 Boden, um mich häuslich zu verwirklichen? Bin ich wirklich der Typ, einen mittelgroßen oder großen Garten in Schuss zu halten? Vielleicht tun es ja auch 150 Quadratmeter oder sogar noch weniger?!

Dass sich auf so knappem Grundstück sehr attraktive Häuser verwirklichen lassen, zeigen die drei Beispiele, die wir Ihnen auf den folgenden Seiten vorstellen. Hier handelt es sich wahrlich nicht um bloße Lückenfüller. Dabei

Auch extrem schmale, langgezogene Grundstücke lassen sich sinnvoll bebauen, wie dieses Beispiel zeigt. Das in Stahlskelettbauweise erstellte Haus ist gerade mal vier Meter breit. Ausreichende Belichtung ist da, zumal bei den großen Glasflächen, natürlich überhaupt kein Thema. Die Gesamtkosten beliefen sich auf 178 000 € (Baujahr 1995). Entwurf: Dipl.-Ing. Martin Cleffmann, Schaudt Architekten, Fon (0 75 31) 22 00 2, Fax 22 00 3.

lassen sich einige Gemeinsamkeiten feststellen. Zum einen streben die Gebäude nach Höherem. Will heißen, die äußerst knappe Grundfläche wird dadurch ausgeglichen, dass man drei bis vier Vollgeschosse baut. Hier kommt ein Vorteil zentraler Stadt-Lagen zum Tragen: Die Bebauung hat sich am Bestand zu orientieren. Niemand käme hier auf die Idee, eineinhalb Geschosse vorzuschreiben wie meist in Neubaugebieten.

Knappe Fläche erfordert sorgfältige Planung

Eine weitere Gemeinsamkeit besteht darin, einerseits das bauliche Umfeld stilistisch aufzugreifen, andererseits deutlich zu machen, dass es sich bei den Häusern um moderne, zeitgemäße Architektur handelt.

Drittens musste schließlich in allen drei Beispielen auf ausreichende natürliche Belichtung geachtet werden. Hier ist es meist hilfreich, das Dach in die Lichtstrategie einzubeziehen (Fenster oder transparente Flächen) und die Geschosse in der Senkrechten transparent zu halten, z. B. mit Treppen oder Galerielösungen.

Checkliste für Grundstückskäufer

- ✔ Grundstücksabmessungen und Himmelsrichtungen sollten exakt ermittelt werden.
- ✔ Welche Eintragungen stehen im Grundbuch? Gibt es z.B. irgendwelche Wegerechte?
- ✔ Liegt das Grundstück im Bereich einer im Flächennutzungsplan ausgewiesenen Baufläche, im Geltungsbereich eines Bebauungsplans oder innerhalb eines im Zusammenhang bebauten Ortsteils?
- ✔ Werden Bauanträge in diesem Gebiet zur Zeit bearbeitet oder zurückgestellt, unter Umständen, weil ein Flächennutzungsplan in Vorbereitung ist, oder besteht eine zeitliche Veränderungssperre?
- ✔ Ist das Grundstück unmittelbar von einer öffentlichen Straße aus erreichbar oder ist der Zugang durch eine Grunddienstbarkeit, eine Privatstraße oder dergleichen abzusichern?
- ✔ Wieviel Garagen oder Einstellplätze werden gefordert?
- ✔ Bestehen Pläne für Straßenbauten in unmittelbarer Nähe?
- ✔ Welcher Bereich des Grundstücks darf bebaut werden?
- ✔ Bestehen Baulinien, Baugrenzen, oder ist die Bebauungsstiefe festgesetzt?
- ✔ Welche Grenzabstände sind einzuhalten?
- ✔ Mit welcher Geschossflächenzahl (GFZ) und Grundflächenzahl (GRZ) ist zu rechnen?
- ✔ Mit welchen Erschließungsbeiträgen ist zu rechnen?

Weitere Aspekte: Grundwasser, Aussicht, Verschattung, Einsicht von außen, Infrastruktur: Kindergarten, Schulen, Einkauf, Sport etc.

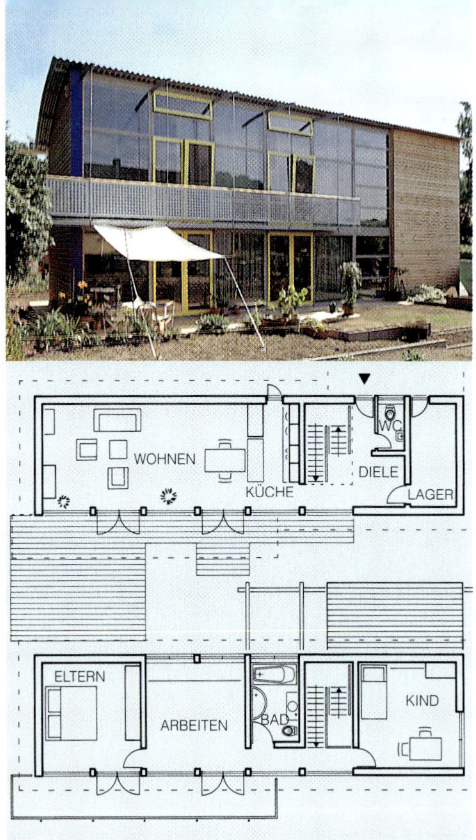

Dank des schlanken Baukörpers wurde dem kleinen Grundstück sogar noch eine sinnvoll nutzbare Gartenfläche abgerungen. Die Räume des Hauses sind sinnvoll nebeneinander gereiht, alle orientieren sich klar zur Sonnenseite hin. Der relativ offene Grundriss (16 x 4 m) und die Transparenz nach außen lassen kein Gefühl von Enge aufkommen.

Es kommt also auf eine sorgfältige Planung an. Nicht umsonst sind alle drei Häuser unserer Strecke von Architekten geplant. Damit hängt ein weiterer unschätzbarer Vorteil kleiner Grundstücke in zentraler Lage zusammen: Sie sind in der Regel nicht attraktiv für Bauträger, die sich lieber größere Areale krallen, um ihre mehr oder weniger typisierten Häuschen darauf zu bauen.

Weniger Bauplatz = mehr Geld fürs Haus

Die Beschränkung auf eine kleine oder gar winzige Parzelle schont übrigens den Geldbeutel des Häuslebauers in mehrfacher Hinsicht. Man spart nicht nur an Grundstückskosten, sondern auch an Steuern und Gebühren. Dazu eine Beispielrechnung: Ein 150 m² großes Stück Bauplatz kostet bei einem Preis von 400 €/m² 60 000 €. Für ein 400 m² großes Areal zu 200 €/m² sind schon 80 000 € zu berappen. Die Grunderwerbsteuer in Höhe von 3,5 Prozent beläuft sich im ersten Fall auf 2100 €, im zweiten aber auf 2800 €. Ist ein Makler im Spiel, erhält er 3,48 Prozent Provision (2088 € bzw. 2784 €). Rechnet man die bisherigen Posten zusammen, so ergibt sich bereits eine Differenz von 22 396 €. Dafür kriegt man eine ganze Menge Haus! Auch sollte beachtet werden, dass auch die Gebühren für den Notar und die Eintragung ins Grundbuch vom Kaufpreis abhängig sind.

Über die unmittelbaren Kosten hinaus sollten auch die indirekten ins Kalkül gezogen werden. Überspitzt gesagt: Das Wohnen auf dem Land muss man sich leisten können. In der Regel braucht man zwei Autos, hat längere Wege, was Einkaufen, Schule, Ärzte etc. betrifft. Wenn die Kinder älter werden, streben sie in die Stadt, meist übernimmt die elterliche Fahrbereitschaft die Aufgaben des ÖPNV – vorzugsweise mitten in der Nacht.

Eigeninitiative ist angesagt Statt auf Konversion von weiteren Militärflächen zu hoffen, statt darauf zu warten, dass die Gemeinden plötzlich Bauland en masse ausweisen, statt darauf zu vertrauen, in irgendeinem Reihenhaus-Programm unterzukommen, sollten angehende Bauherren spazieren gehen und die Augen aufhalten, sollten einen oder mehrere Architekten befragen, ob sie nicht vielleicht jemand kennen, der jemand kennt, der ein Grundstück hat, sollten sie sich auf dem Rathaus nach einem kleinen Stück städtischer Erde erkundigen. Stadtluft macht frei, hieß es früher. Also, nur Mut zur (Bau-)Lücke.

Strategien für die Grundstückssuche & Hausplanung

Grundstücke von Gemeinden, Städten oder dem Bund werden an bauwillige Privatpersonen gelegentlich bis zur Hälfte des auf dem freien Markt üblichen Preises vergeben. Es empfiehlt sich deshalb, bei diesen Institutionen nachzufragen, ob nicht ein Grundstück zu derartig günstigen Konditionen abzugeben ist.

Grundstücke mit außergewöhnlichem Zuschnitt, zum Beispiel ein dreieckiges „Tortenstück" oder ein schmales „Handtuch", können im Preis ebenfalls erheblich reduziert sein. Ein kreativer Architekt kann aber gerade auf derartigem Gelände besonders reizvolle Gebäude planen. Konsultieren Sie den Architekten unbedingt vor dem Kauf des „Problemfalls".

Vielleicht können Sie über Erbpacht günstig an ein Grundstück kommen. In diesem Fall kauft der Bauherr das Land nicht, pachtet es für relativ wenig Geld vom Eigentümer für die Dauer von 99 Jahren. Neben Städten und Gemeinden bieten diese Möglichkeit gelegentlich die mit Grundbesitz gesegneten Kirchen an.

Versuchen Sie, sich mit Gleichinteressierten zu Bauherrengemeinschaften zusammenzuschließen. Auf diese Weise kommen Sie eventuell an Reihenhausgrundstücke, die in der Regel nur an Bauträger vergeben werden.

Reden Sie mit ihren möglichen künftigen Nachbarn. Vielleicht lassen sich Grundstücksteile als Grünflächen zusammenlegen. So sparen Sie Fläche, können aber auf der anderen Seite vielleicht über eine große Spielwiese für ihre Kinder verfügen.

Abschließend noch ein paar Worte zur Grundrissplanung: Sogenannte Verkehrsflächen – z. B. Flure und Dielen – dienen nur dazu, Übergänge zu schaffen. Diese Flächen beanspruchen nicht selten 20 Prozent der Gesamtfläche. Mit einem klugen Grundriss können Sie stattdessen mehr Wohnfläche gewinnen.

Weniger Wände bedeuten gleichzeitig auch mehr Nutzfläche. Wählen Sie für Ihr Haus einen offenen Grundriss. Damit wirkt Ihr Eigenheim großzügiger und Sie sparen durch den Verzicht auf Wände Kosten. Viele Türen, zusätzlicher Putz sowie Tapeten und Anstriche werden nämlich überflüssig.

VARIABLE HÄUSER FÜRS GANZE LEBEN

Mehrere Generationen unter einem Dach – das ist das Wunschbild. Der hochbetagte Witwer ganz allein in seinem viel zu großen Haus – das ist die Realität. Denn beim Hausbau wurde in der Regel nicht darauf geachtet, was morgen oder gar übermorgen sein könnte. Und so gibt es viele Häuser, die den geänderten Lebensumständen der Bauherren längst nicht mehr entsprechen. Da bleibt nur verkaufen oder – unter großem Aufwand – umbauen. Mit intelligenter Planung läßt sich diese mißliche Lage vermeiden. Das Thema zeigt im folgenden, wie sich Häuser dauerhaft nutzen lassen.

Zwischen Nähe und Distanz

Generationenkonflikt unter verkehrten Vorzeichen: Im Zeitalter des „Anything goes" kann es schon vorkommen, daß Kinder musikalisch Roland Kaiser verfallen. Den Eltern bleibt da nur die Möglichkeit, ihren Frust darüber im Stadion mit einem kräftigen „I can't get no ..." abzubauen. Und/Oder: Mit vorausblickender Hausplanung für allgemeine, die Zeit überdauernde Satisfaction zu sorgen, wie in dem folgenden Beispiel.

Bei uns gibt es in allen Bereichen große Unterschiede, deswegen ist alles so produktiv, das führt immer wieder zu sehr erstaunlichen Ergebnissen." Bauherrin Ilke Marja Maiwald sieht die Sache mit dem ominösen „Generationenkonflikt" überaus gelassen. Das mag in erster Linie damit zusammenhängen, daß sie und ihr Mann Heino beim Bau des eigenen Hauses kluge Vorsorge betrieben haben. Denn Tochter Gelja (18) und Sohn Gerrit (15) verfügen im elterlichen Heim über ein eigenes Häuschen, das Nähe und Distanz gleichermaßen ermöglicht.

Diese Zweiteilung ist das Ergebnis „intensiver Beratung" zwischen den Bauleuten und dem Bielefelder Architekten Hans-Werner Eckhardt vom Büro EHW+Partner. „Die Bauherren waren rasch überzeugt, daß es bei dem Alter der Kinder sinnvoll sei, von vornherein Separierungsmöglichkeiten einzuplanen", erinnert sich Eckhardt, Spezialist für solche Lösungen (siehe auch Grundriß S. 36). „Die Separierung der Bereiche", so Eckhardt, „entwickelte eine Dynamik, die schließlich zu dieser konsequenten Umsetzung führte."

Natürlich bedurfte diese Lösung einer gewissen Grundstücksgröße, eines gewissen Zuschnitts und eines relativ großzügigen Bebauungsplanes. Hier stand ein Eckgrundstück von ca. 1000 Quadratmetern zur Verfügung. Aber Architekt Eckhardt hat mit seinen Häusern schon mehrfach bewiesen, daß es auch für kleinere Grundstücke attraktive Möglichkeiten gibt, Bereiche zu separieren, um sie dann später sinnvoll umnutzen zu können.

Das Maiwaldsche Haus wartet mit diversen Finessen auf.
1. Raumklima: Zwischen Dach und Baukörper kann die Luft zirkulieren, dadurch keine Überhitzung.
2. Bewirtschaftung: Zugang vom Carport über Vorratsschleuse je nach Wunsch in den Keller oder in die Küche.
3. Terrasse und Balkon: durch das Dach geschützte großzügige Freiräume.

Die Trennung Eltern-/Kinderhaus bewährt sich in der Gegenwart und läßt für die Zukunft alles offen

Die Bauherren legten Wert darauf, die kühle Weiß-Grau-Architektur mit warmen (Holz)Tönen zu verbinden. Im Grundriß bezeichnet die grüne Markierung die mögliche Trennstelle zwischen den Wohnungen.

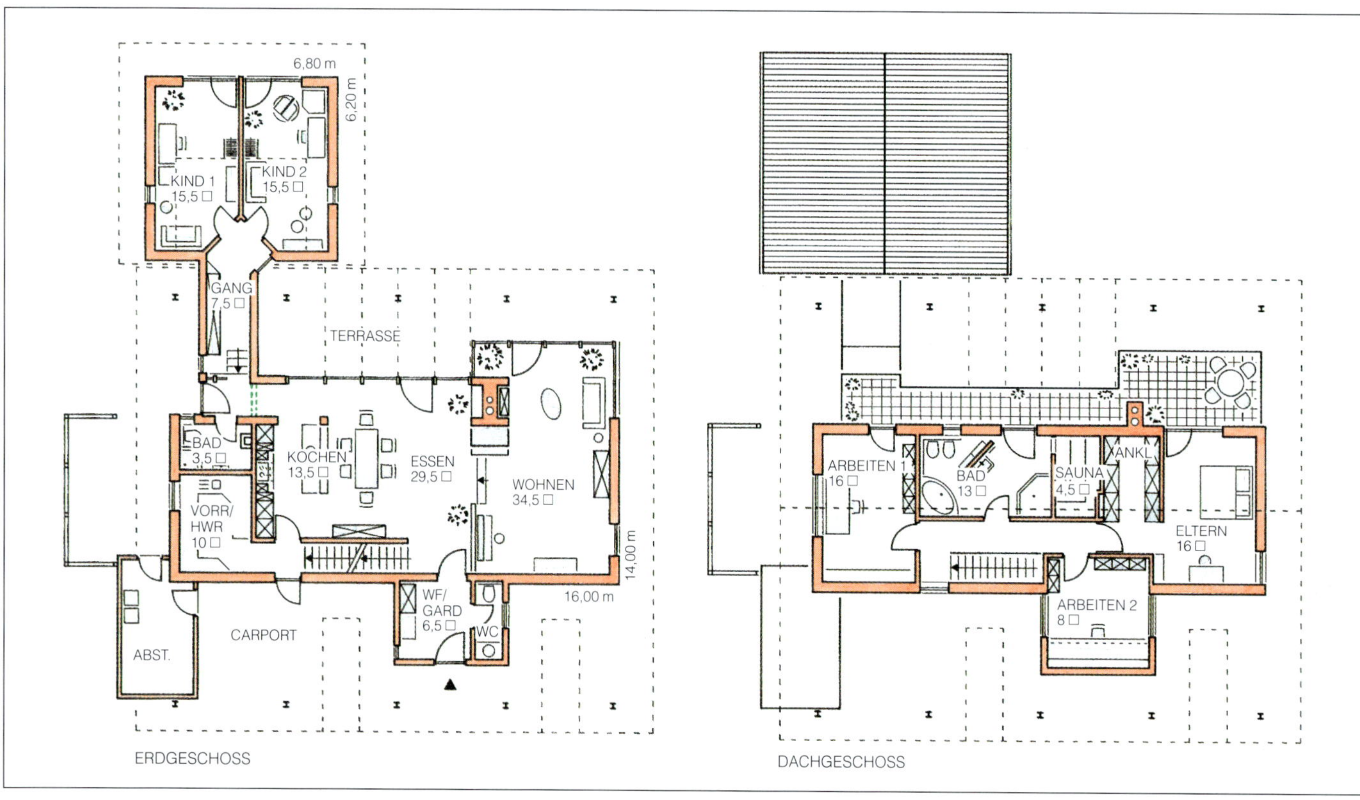

Für Frau Maiwald hat sich die Lösung mit zwei Gebäuden bestens bewährt: „Das ist eine sehr schöne Angelegenheit, zumal auch mit der Zukunftsperspektive, die sich daraus ergibt." In der Tat sind die Nutzungsmöglichkeiten, die sich aus der Gestaltung mit dem separaten Kinderhaus ergeben, sehr vielfältig, wie Architekt Eckhardt hervorhebt: 1. Ein Kind mit eigenem Hausstand (Studium); 2. Ein Kind beginnt dort mit Familiengründung; 3. Ein (Groß) Elternteil wird einquartiert, dazu eventuell eine Pflegeperson; 4. Die Bauherren bringen dort eine Haushalts-/Pflegekraft unter; 5. Fremdvermietung. „Das alles", so Eckhardt, „ist ohne Umbauten möglich, es genügt das Einfügen einer Tür an der Trennstelle." (siehe grüne Markierung im Grundriß) Die Anschlüsse für den Einbau einer kleinen Küche sind vorhanden.

Am Ende heißt es frei nach Brecht: Vorhang zu und alle Möglichkeiten offen.

DATEN & FAKTEN

Architekten: EHW + Partner, Brackweder Str. 57 d, 33647 Bielefeld, Tel. (0521) 94277-0, Fax 94277-20
Innenarchitektin: Dipl.-Ing. Ulrike Holtkamp-Eckhardt, Adresse wie oben.
Baukosten: keine Angaben.
Baujahr: 1996-97.
Außenmaße: Haupthaus 16 m x 14 m, Kinderhaus 6,80 m x 6,20 m.
Wohnflächen: EG: 138 m^2, OG 75 m^2.
Bauweise: Außenwände Kalksandstein mit Wärmedämmverbundsystem, Innenwände KS bzw. Leichtbauweise, alle Wände verputzt, außen teilweise Holzverkl., Beton-/Holzbalkendecken; Holzrahmenfenster mit Isolierglas (k-Wert 1,3 W/m^2K), Massivtreppen, Bodenbeläge Keramik, Naturstein, Textil.
Dach: Satteldächer 30 bzw. 45°; Beim Haupthaus Luftschicht zwischen Hauskörper und Dach, Eindeckung Wellcolor-Profil.
Haustechnik: Gas-Zentralheizung mit Brennwertkessel, Wärmeübertragung über Fußboden; Warmwasser zentral.
Produktinfos: Mauerwerk – KS-Info; Dach – Eternit

Einmal im Leben" lautet das notorische Zitat, das bemüht wird, wenn es um den klassischen Häuslebauer geht. Wenn schon bauen, dann für alle Ewigkeit. Ist das wirklich noch so?

Zweifel sind angebracht. Denn, so ergab eine Umfrage des Emnid-Instituts im Auftrag des damals noch selbständigen Bundesbauministeriums: „Für die Ewigkeit planen die Deutschen ihre Eigenheimprojekte immer seltener." Immer mehr Bürger seien bereit, das gebaute oder gekaufte Eigenheim zu einem geeigneten Zeitpunkt wieder zu verkaufen. In der Altersgruppe der 25- bis 35jährigen und auch der 36- bis 49jährigen konnten sich rund zwei von drei Befragten dieser Altersgruppen einen Wiederverkauf vorstellen.

Es stellt sich aber die Frage, ob man nicht Häuser so gestalten kann, daß sie sich den Lebensumständen der Bewohner anpassen. Dann käme man um einen Wiederverkauf herum und könnte – sofern gewünscht – auch im Alter in der Umgebung bleiben, in der man Wurzeln geschlagen hat.

Häuser sollten also wachsen und schrumpfen können. Das erinnert an die Praxis, die zum Teil heute noch auf dem Land praktiziert wird: Die Kinder bauen bei den Eltern an. Wenn die Eltern gestorben sind, zieht die junge Familie ins Haupthaus und vermietet den Anbau eventuell. Später können die eigenen Kinder in die Nebenwohnung ziehen und gegebenenfalls das Dach ausbauen.

Variable Grundrisse und Häuser sind also dringend gefordert. Wir stellen auf den folgenden Seiten ein Hausbeispiel vor, das sich auf pfiffige Weise seine Zukunftsfähigkeit gesichert hat. Es ist also durchaus möglich und kein Hexenwerk, ein Grundmodell bei entsprechender Planung und Bauweise später einmal den neuen Bedürfnissen entsprechend beliebig zu variieren. Machen auch Sie ihr Haus fit für die Zukunft!

Bauen in Stufen: Zwei Bauabschnitte sind bereits realisiert, der dritte wird durch das Gerüst angedeutet und kann jederzeit vollendet werden. Entwurf: Arch. Uwe König, Herrsching

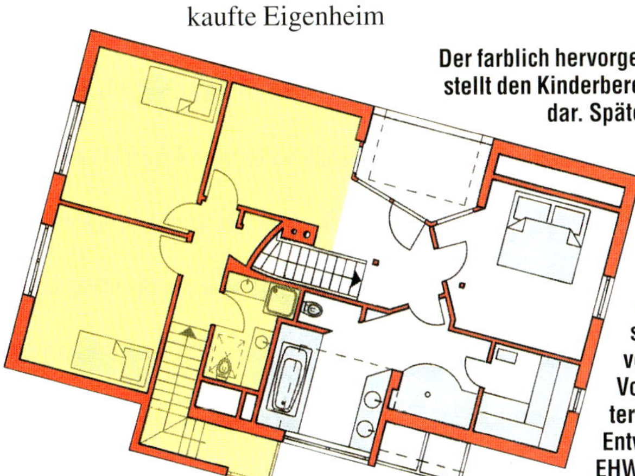

Der farblich hervorgehobene Teil stellt den Kinderbereich dar. Später kann daraus ohne großen Aufwand eine abgeschlossene Einliegerwohnung werden. Küchenanschlüsse sind vorhanden. Großer Vorteil: ein separater Hauseingang. Entwurf: EHW+Partner, Bielefeld

Das LBS-Systemhaus kann in Modulbauweise in verschiedenen Größen (aus)gebaut werden: 75, 90, 110 m2. Hier als Doppelhaus von Okal gebaut. Foto: Norddeutsche Landesbausparkasse

CHECKLISTE: DIESE PUNKTE SOLLTEN SIE BEACHTEN

- Ermitteln Sie, wie erfahren ein **Architekt** in Sachen flexible Grundrisse ist; fragen Sie nach entsprechenden **Referenz-Objekten** und schauen Sie diese nach Möglichkeit an.
- Versuchen Sie nicht, alles auf einmal zu realisieren: „Brauche ich den Wintergarten tatsächlich sofort?" Entwickeln Sie einen **Stufenplan**; das schont auch die Finanzen.
- Plazieren Sie das Haus im Rahmen des Bebauungsplans so auf das Grundstück, daß eine **spätere Erweiterung** ohne größere Umstände möglich ist.
- Strukturieren Sie das Haus räumlich so, daß **spätere Umnutzung** von Teilbereichen möglich ist, beispielsweise der Kindertrakt wird Einliegerwohnung – oder umgekehrt!
- Bereiten Sie **Anschlüsse und Leitungen** vor oder lassen Sie diese gleich installieren, um teure Nachrüstung zu vermeiden, z. B. für Spül-/Waschmaschine.

Die kluge Familie baut vor

Wenn die Kinder aus dem Haus sind, steht das Haus halb leer, allenfalls der riesige Keller voller Gerümpel, und eine sinnvolle weitere Nutzung des Hauses ist nur bei größeren Umbaumaßnahmen möglich. – Dieses Horrorszenario wird für die Baufamilie dieses (Niedrigenergie-)Hauses und ihren Architekten nicht Realität werden. Denn umsichtige, vorausschauende Planung sorgt dafür, daß sich das Haus an sich ändernde Umstände anpassen kann. Auch das vielbeschworene Wohnen von drei Generationen unter einem Dach ist möglich.

Von seiner Grundstruktur besteht das Haus aus zwei Teilen. Architekt Peter Schanz: „Im Norden befinden sich die Räume mit den ‚bedienenden' Funktionen wie Flur, Abstellraum, Treppe, Bad und Technik. Alle Wohn- und Schlafräume, die ‚bedienten' Räume, sind nach Süden orientiert." Hinzu kommt, auf den kleinen Bilder zu erkennen, ein vielfältig nutzbarer Anbau mit Zimmer, Bad und separatem Eingang.

Die Südfront des Hauses ist komplett verglast, teils als Wintergarten. Unter der Treppe bietet sich Stauraum, z. B. für den Pufferspeicher, als Ersatz für den fehlenden Keller. Holz ist der dominierende Baustoff, nicht nur konstruktiv, sondern auch im Innenausbau. Von der Küche mit großem Eßplatz geht es halboffen zum Wohnbereich mit dem Ofenblock als Raumteiler dazwischen.

Nicht selten herrscht am Hochrhein den ganzen Tag Nebel. Wer an einem solchen Tag hier die Landstraße entlangfährt, weiß irgendwann vor lauter Grenzübergängen nicht mehr, ob er sich in der Schweiz oder wieder in Deutschland aufhält. Den Durchblick beim Bau des eigenen Hauses zu wahren, fiel Klaus Weigand aus Jestetten aber nicht schwer. Schließlich ist er von Beruf Glaser und Fensterbauer. Und das kommt am Erscheinungsbild dieses Hauses deutlich zum Ausdruck mit der verglasten Südfront, dem Wintergarten und den mannigfachen Fensterformaten wie dem großen Rundfenster zum Beispiel.

Über- und Weitsicht bewiesen Weigand, seine Frau Gerda und Architekt Peter Schanz schon bei der Planung. Da ist zum einen die Plazierung des Hauses in das vorhandene Ensemble. Es wurde auf das Grundstück des Elternhauses der Bauherrin gebaut; außerdem mit von der Partie: ein kleineres Gebäude, in dem drei Tanten der Bauherrin eine Heißmangel betreiben.

Von keinem Bebauungsplan in die Mangel genommen gestaltete sich die Planung für Architekt Schanz erfreulich. Er plazierte das Weigandsche Haus nicht parallel zur Straße, sondern um ein paar Grad gedreht. „Dadurch konnte das Haus optimal in Nord-Süd-Richtung ausgerichtet werden“, erklärt er. Andererseits griff der Architekt mit dem Carport/Abstellraum die Straßenflucht auf. Den Hauseingang schob Schanz als Gelenk aus dem Haus. Auf diese Weise wird man am Carport gleichsam abgeholt (siehe Grundrisse und Lageplan auf der nächsten Seite).

Jedes der Dachgeschoßzimmer ist mit einer Galerie ausgestattet; hier kann das Pultdach seine Vorzüge voll ausspielen. Klaus und Gerda Weigand auf der beheizbaren Bank ihres Kachelofens, mit dem das ganze Haus ausschließlich beheizt wird! Von April bis Oktober sorgt die Solaranlage für Warmwasser. Der dem Wohnbereich vorgelagerte Wintergarten ist per Schiebetür thermisch abtrennbar. Im Naturkeller unter dem Wintergarten werden Äpfel, Kartoffel etc. gelagert.

Die Vertrautheit mit dem Baustoff Holz ermöglichte es dem Bauherren, viel Eigenleistung zu erbringen

Zum zweiten wird die vorausschauende Planung an einem Anbau erkennbar, der auf der Nordseite aus dem Haus wächst. Hier sind ein gut 14 Quadratmeter großes Zimmer und ein – barrierefreies – Duschbad eingerichtet. Dieser mit einem separaten Eingang ausgestattete Teil des Hauses ist dafür gedacht, bei Bedarf den Vater oder eine der Tanten ins Haus aufzunehmen. Zur Straße hin hat Architekt Schanz in dem Zimmer ein relativ tief gezogenes Fenster eingeplant. Und das hat seinen guten Grund, denn dank dieses Fensters ist es auch einem kranken oder pflegebedürftigen Menschen möglich zu verfolgen, was draußen vor sich geht, oder ein Schwätzchen mit einem Passanten zu halten. Zur anderen Seite bietet sich ein schöner Blick auf alte Obstbäume.

Im Moment bewohnt die 19jährige Tochter dieses Quasi-Apartment. Man könnte aber ebenso gut ein Arbeitszimmer dort einrichten, das Zimmer vermieten oder das Elternschlafzimmer von oben nach unten verlegen. Das Haus bietet also beachtliche Flexibilität bei der Nutzung. Gleichwohl fallen Architekt Peter Schanz zum Thema variables Bauen noch ein paar weitere Punkte ein, die bei der Planung einfließen sollten .

Durch die Plazierung des Hauses und die spezielle Anordnung der Funktionen (Carport bzw. Anbau) wird die Fläche sinnvoll genutzt: Es entstehen verschiedene geschützte Gartenzonen, von Schanz als „Nischen" bezeichnet.

Daß es ein Holzhaus werden sollte, war für Familie Schanz von vornherein klar. „Das Material hat uns einfach gefallen", sagt Gerda Weigand, „die Teile wurden vorgefertigt und schnell aufgestellt, so daß mein Mann weitermachen konnte." Klaus Weigand geht berufsbedingt gern mit dem Baustoff Holz um. Der Umfang der Eigenleistung, die er mit seiner Familie erbrachte, ist beachtlich: Fenster, Wintergarten, Küche, Einbaumöbel, Treppe, Innenwände, alle Böden außer die mit Linoleum belegten.

Entstanden ist ein pfiffiges, charmantes Haus, in dem Jung und Alt zusammenkommen, in dem man sich auch bei neblig-trübem Wetter wohlfühlt.

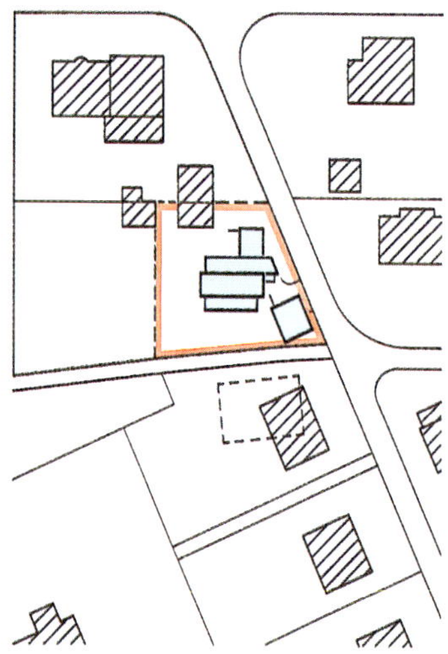

Der Lageplan verdeutlicht, wie durch geschickte Plazierung und Anordnung des Hauses und unter Berücksichtigung des Gebäudebestandes geschützte Gartenzonen, intime Nischen geschaffen wurden. Die konsequente Ausrichtung nach Süden optimiert die aktive und passive Nutzung der Sonnenenergie.

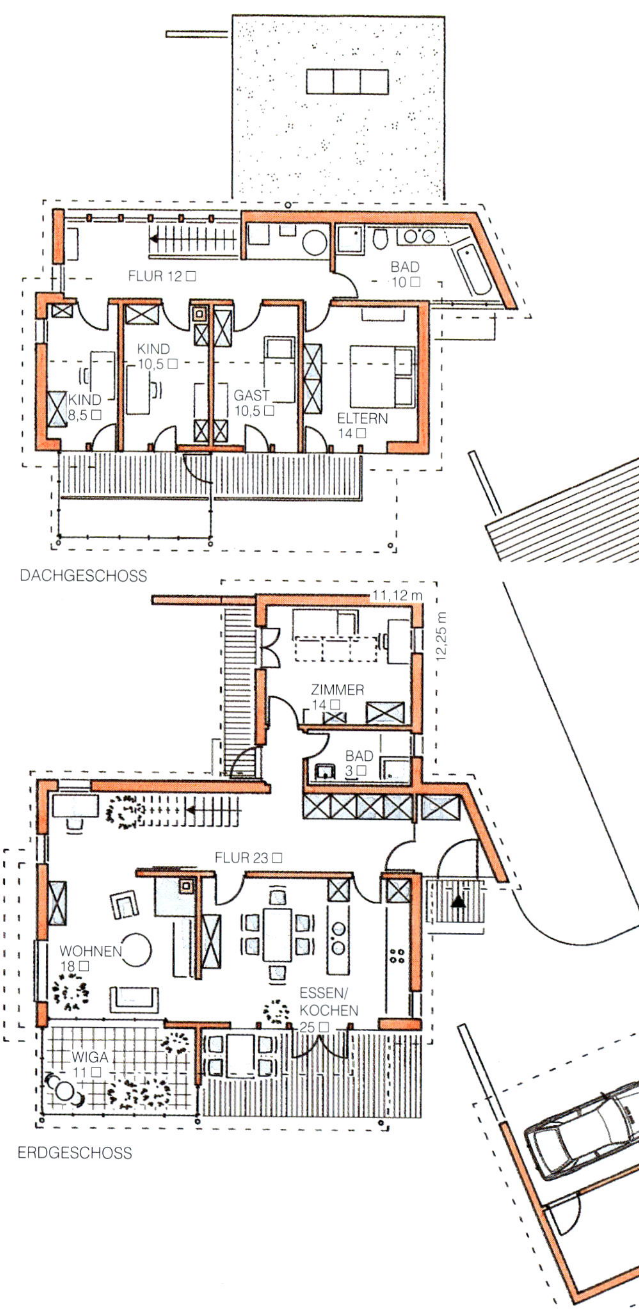

DATEN & FAKTEN

Architekt & Innenarchitekt: Dipl.-Ing. Peter Schanz, Kirchstr. 6, 79801 Hohentengen, Tel. (07742) 91023, Fax 2646.
Baukosten: reine Baukosten 150000 €, bewertete Eigenleistung 50000 €, Nebenkosten inklusive Architektenhonorar 26500 €.
Baujahr: 1996-98.
Außenmaße: 11,12 m x 12,25 m.
Wohnflächen: EG 99 m^2, DG 70 m^2.
Bauweise: Außenwände in Holzrahmenbauweise mit vorgefertigten Elementen, zweifache Dämmung außen Mineralfaser, innen Zellulose, außen Holzverschalung, Wandstärke 31 cm; Innenwände Holz-Leichtbau und Ziegelmauerwerk; Holzbalkendekken; Holz-Alu-Fenster mit Wärmeschutzverglasung (k-Wert 1,1 W/m^2K), Bodenbeläge Holz, Linoleum; Naturkeller unterm Wintergarten.
Dach: Pultdach 18°, Pfetten-/Sparrenkonstruktion, Warmdach, Mineralwolledämmung, Tondachziegel.
Haustechnik: Warmluft-Kachelofen mit Heizeinsatz und Wärmetauscher für Heizung und Warmwasser.
Produktinfos: Holz – Bund deutscher Zimmermeister; Zellulose-Dämmung – Isofloc; Farben/Holzpflege – Livos.

WAS DARF'S SEIN:

HOLZ ODER STEIN

Eine der ersten Qualen, denen sich Bauherren stellen müssen, ist die Wahl des Baustoffes: Wie hätten wir's denn gern? Holz oder Stein? Muß ich mich überhaupt für das eine und gegen das andere Material entscheiden? Immer noch werden die meisten Einfamilienhäuser hierzulande massiv gebaut. Doch Holz, früher oftmals Stein des Anstoßes, hat etwas aufgeholt. Die Märkte sind also in Bewegung, der Bauherr wird umworben – mit allerlei Argumenten. Wir trennen in diesem Beitrag die sachlichen von den unsachlichen, damit der Leser sich ein möglichst unabhängiges Urteil bilden kann.

Friedliche Koexistenz ist möglich

Das eine tun, das andere nicht lassen, könnte als Motto über dieser Reportage stehen. Sie zeigt ein Hausbeispiel, bei dem die Vorzüge sowohl der Holz- wie auch der Massivbauweise kombiniert wurden. Entstanden ist ein Gebäude mit ästhetischer, funktionaler und bauphysikalischer Logik.

Den Dorfbewohnern schwante böses Unheil, und das kam durch dieses Haus, das da mitten in der Ortschaft auf rätselhafte Weise rätselhafte Form annahm. „Konstruktiv war es logisch, den Keller und den Massivteil zuerst zu bauen“, erzählt der Trierer Architekt Manfred Müller, für die Planung verantwortlich. „Das hatte zur Folge, daß zunächst die hohe zentrale Wand stand, an der dann der kleine Massivbau angebaut wurde. Das sah schon spektakulär aus,“ erinnert er sich. „‚Ja, was wird das denn‘, dachten sich die Leute, ‚sind die denn verrückt geworden?!‘“ Die Ratlosigkeit hielt einige Tage an, denn erst dann kam das Holzhaus hinzu. Die Kirche wurde im Dorf gelassen.

Zweierlei Konstruktionen, das hört sich nach faulem Kompromiß an, mit dem nachher keiner so recht zufrieden ist. Müller sieht das anders, für ihn kommt es auf die Aufgabenstellung an. Und die begann hier mit einer gewissen Ironie: Denn die Bauleute, ein Ehepaar mit zwei Kindern, waren an Müller herangetreten, weil ihnen eines von seinen Holzhäusern gefallen hatte, wollten aber dennoch ein massiv gebautes haben. Nach längerer Sondierungsphase mit mehreren Entwürfen, auch von dritter Seite, entschlossen sich die Bauherren denn doch, Manfred Müller mit der Planung zu beauftragen. Freilich, es blieb die Frage, ob man diesem Dorf so etwas Außergewöhnliches wie ein reines Holzhaus zumuten sollte. Immerhin baute man in eine gewachsene Ortslage mit überwiegend in den 50er Jahren errichteten Häusern. Die Bauherren glaubten sich vor

Offenes Wohnen und Öffnung zum Süden. Diese Aufgaben wurden der Holzskelettkonstruktion übertragen. Die im Raster gesetzten Stützen strukturieren den Raum, ohne ihm seine Transparenz zu nehmen. Dachüberstand und Balkonumgang schützen nicht nur die Fassade vor Verwitterung, sondern auch das Hausinnere vor allzu viel Sonne.

Ein Teil des Kellergeschosses wurde als Carport gestaltet. Architekt Müller: „Ein großer Keller wurde nicht benötigt. Außerdem sind Stellplätze bei Hanggrundstücken in der Regel nicht so einfach unterzubringen." Markant trennt die große Mauer den Massiv- vom Holzbau.

Holz- oder Massivbau? „Ihr müßt Euch nicht entscheiden" sagte Architekt Manfred Müller

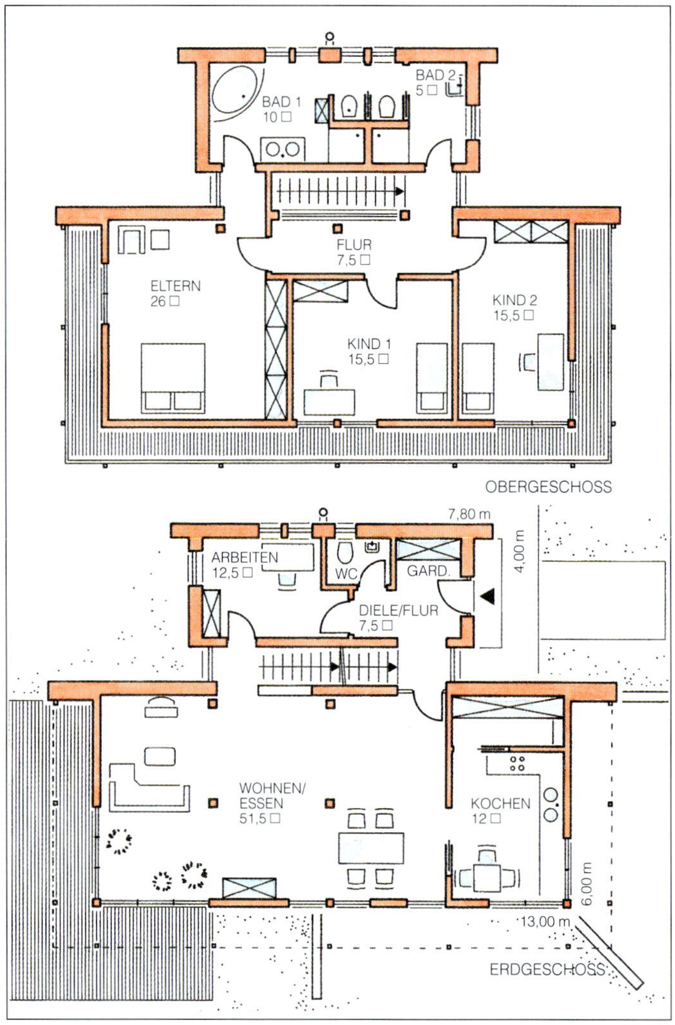

der Wahl: Entweder ein Holzhaus oder ein Massivhaus, bis ihnen der Architekt bedeutete: „Ihr müßt euch da nicht entscheiden."

Müller schildert den Diskussionsprozeß: „Wir haben ausgiebig die Eigenschaften der Baustoffe diskutiert. Holz bot gestalterisch große Vorteile, weil die Familie ein ziemlich offenes Wohnen wünschte." Aufgrund der Grundstückslage war zudem die Öffnung des Gebäudes nach Süden möglich, „und das läßt sich mit dem Werkstoff Holz einfach besser machen als mit Stahlbetonstürzen, die da sehr viel aufwendiger sind." Pro Holzhaus sprach für Müller auch, „daß es sich prima dämmen läßt." Daß ein Massivhaus andererseits in punkto Wärmespeicherung klar im Vorteil liegt, war allen ebenfalls klar. Die Konsequenzen , die aus diesen Überlegungen zu ziehen waren, lagen nahe. Müller: „Wir sagten uns: Nutzen wir die Vorteile der Holzkonstruktion auf der Südseite, und den Nachteil der mangelnden Wärmespeicherfähigkeit gleichen wir durch eine dicke Mauerscheibe aus, die die von der Südseite kommende Wärme puffern kann."

Die beiden Gebäudeteile sind deutlich voneinander zu unterscheiden. Hier die glatten, geschlossenen, weiß verputzten Oberflächen des Massivhauses, das so gut wie keinen Dachüberstand aufzuweisen hat; dort das vielfach von Fensterflächen durchbrochene, leicht und transparent wirkende Holzskeletthaus, in dezentem Graublau gehalten, seine Fassade mit Hilfe der weiten Dachüberstände und des Balkonumgangs konstruktiv vor (Ver)Witterung geschützt. Die Nahtstelle zwischen Holz- und Massivhaus ist besonders hervorgehoben: eine bis zu 50 cm dicke Mauer, die über den First und an beiden Seiten des Gebäudes hinausragt.

Aber nicht nur ästhetisch-konstruktiv unterscheiden sich die beiden „Häuser", sondern auch durch die jeweils zugeordneten Funktionen. Vor der Mauer sozusagen wird gewohnt bzw. – im Dachgeschoß – geschlafen; hinter der Mauer befindet sich die Erschließungszone mit den Treppen, die mit ihren Glasflächen und einem Flachdach an den eigentlichen, kleinen Massivbau angeschlossen ist. Dort findet man Windfang, Gäste-WC und Arbeitszimmer im Erdgeschoß, im Dachgeschoß die beiden Bäder.

Müller macht aus seiner Vorliebe für Holz kein Geheimnis, aber er hat schon mehrere Einfamilienhäuser in Mischbauweise geplant. „Man hätte hier den Übergang von der einen zur andern Bauweise kaschieren können," resümiert Müller, „aber wir wollten das bewußt so machen."Auf diese Weise äußert sich eine erfreulich unaufgeregte Haltung in Sachen Baustoffwahl. „Ich glaube, das sind in erster Linie gefühlsmäßige Entscheidungen," sagt er, „man mag etwas oder nicht."

DATEN & FAKTEN

Architekten: Manfred Müller & Partner, Gilbertstr. 67a, 54290 Trier, Tel. (0651) 97595-0, Fax 97595-90.
Baukosten: keine Angaben erhältlich.
Baujahr: 1996-97.
Außenmaße: 13 x 6 m (Holzbau) und 7,80 m x 4 m.
Wohnflächen: EG: 90 m², DG 83,5 m².
Bauweise: Mischbauweise – 1. Holzskelettkonstruktion mit 12 cm Mineralwolle gedämmt; 2. Hochlochziegel-Mauerwerk 36,5 cm beidseitig verputzt (Thermolith-Wärmedämmblock); Holzrahmen-Fenster mit Wärmeschutzglas (k-Wert 1,0 W/m²K, Massivtreppen mit Fliesen- und Holzbelag, Bodenbeläge Keramik, Textil; Vollkeller, teils als Carport.
Dach: Pultdächer 25°, Pfettenkonstruktion, dazwischen Flachdach, Hartschaumdämmung 12 cm, Eindeckung Zinkblech.
Haustechnik: Öl-Zentralheizung mit Niedertemperaturkessel, Wärmeübertragung über Heizkörper und Fußboden; Warmwasser zentral.
Wärmebedarf: 85,70 kWh/m²a (bezogen auf Wohnfläche A_N.
Produktinfos: Holz – Bund deutscher Zimmermeister, AG Holz; Mauerwerk – Bundesverband der deutschen Ziegelindustrie; Dämmung – Fachvereinigung Mineralfaser-Industrie, IVHD (Flachdach); Heizung – Buderus.

Daß Bauherren zwischen den Baustoffen frei wählen können ist ein Phänomen der jüngeren Zeit. „Früher sind die reginaltypischen Bauweisen daher gekommen, daß man die vorhandenen Materialien genommen hat", erklärt der Stuttgarter Architekt Hans-Georg Stotz. „In Norddeutschland gab's keinen Wald, dafür hatte man Ziegel vor Ort. Ein Bauherr in den Alpen dagegen hatte ein Transportproblem, der wollte nicht unbedingt schwere Steine hochschleppen, der schlug seine Baumstämme in der Nähe. Irgendwann spielten diese Überlegungen keine Rolle mehr, die Traditionen sind aufgegeben worden."

Heute gibt es überall Steinhäuser und Holzhäuser querbeet. Das hat nicht unbedingt nur gute Seiten, wie Stotz findet: „Wenn Sie heute durch ein Baugebiet gehen, dann sieht das aus wie auf dem Volksfest, hier das Bierzelt, dort der Autoskooter, daneben die Geisterbahn, es gibt keine Materialien mehr, die sich durchsetzen, keine Sprache."

Steinhäuser geben nach wie vor den Ton an

Nach wie vor dominiert der Stein bei Deutschlands Häuslebauern. Der Holzbau hat zwar aufgeholt (siehe Tabelle zur Entwicklung des Fertigbaus), aber die Verhältnisse sind immer noch klar: Über 80 Prozent der Wohngebäude werden massiv gebaut.

Innerhalb der Welt der Steine wiederum dominiert der Ziegel. Nach Angaben der deutschen Gesellschaft für Mauerwerksbau, Bonn, hatte der Ziegel einen Anteil von 43,2 Prozent. Dahinter lag Kalksandstein mit 29,5 Prozent, gefolgt von Porenbeton mit 15 Prozent und Beton/Leichtbetonstoffen mit 12,3 Prozent.

Die Bauweisen lassen sich kombinieren. So wie hier: Eine Fachwerkkonstruktion mit Ziegeln ausgefacht (oben).

Man sieht einem Haus mit verputzter Fassade (mitte) nicht unbedingt an, ob es aus Holz oder Stein besteht. Dieses hier ist ein Holzhaus. Und das verklinkerte (unten) auch.

Fotos: Bien-Zenker und Elk

ERTEILTE BAUGENEHMIGUNGEN IM EIN- UND ZWEIFAMILIENHAUSBAU IN DEUTSCHLAND

	Gesamt: Ein- & Zweifamilienhausbau	Anteil Fertigbau	Anteil Fertigbau in Prozent
1993	142123	9745	6,9
1994	197431	21075	10,7
1995	167640	20203	12,1
1996	180253	22827	12,7
1997	197677	27704	14,2
1998	160220	23685	14,8

Quelle: Statistisches Bundesamt, BDF

Woran können sich Bauleute, die am Anfang der Planung stehen, orientieren? Nicht an den Baukosten, denn die sind nach einhelliger Meinung von Experten bei vergleichbarer Bauqualität in etwa gleich. Die Wahl des Baustoffes hängt unmittelbar mit der Wahl des Planers zusammen. Natürlich wird fast jeder Architekt beide Bauweisen beherrschen, aber im Lauf der Zeit ergibt sich doch eine gewisse Spezialisierung. Am besten läßt sich der Bauherr von mehreren Architekten Referenzobjekte nennen. In vielen Fällen werden die Bauleute sehr schnell merken, ob sie zu einem Holzhaus tendieren oder zu einem massiv gebauten.

Wenn nicht, muß man regelrecht ermitteln, ob man ein sozusagen ein Holz-Typ ist oder ein Stein-Typ.

- ❍ Wo habe ich mehr Möglichkeiten zur Eigenleistung?
- ❍ Wo habe ich größere Gestaltungsfreiheit?
- ❍ Welche Möglichkeiten der Vorfertigung und dadurch kürzeren Bauzeit gibt es?
- ❍ Wie sieht es aus mit der Wärmespeicherfähigkeit?
- ❍ Wie sieht es aus mit der Wärmedämmfähigkeit?
- ❍ Wo läßt sich leichter Winddichtigkeit erzielen?
- ❍ Ist ein Holzhaus standfester bzw. erdbebensicherer oder ein Steinhaus?
- ❍ Welche Konstruktion bietet den besten Brandschutz?
- ❍ Welche bietet den besseren Schallschutz?

Wie auch immer die Wahl des Baustoffes ausfallen wird: Das Gelingen des Abenteuers Hausbau hängt stets entscheidend von einer sauberen Bauausführung ab.

Fotos: Brigida Gonzales

Zwei Baukörper

Neben der Geometrie gibt es noch andere Strukturierungsmittel. Zum Beispiel zwei Baukörper mit zweierlei Konstruktionen. Ein verputzter Massivbau aus Kalksandstein und Beton mit Wärmedämmverbundsystem, mit einem liegenden Fensterband. Daran schließt ein Holzskelettbau an, giebelseitig verschalt, mit Glasfront und Umlauf. Die verschiedenen Konstruktionen sind Ausdruck der funktionalen Struktur des Hauses. Der bergseitige Massivteil beherbergt – oben wie unten – die Nutz- und Funktionsräume, das offenere „Holzhaus" die Wohnräume. Die extreme Hanglage sorgt für weitere, gleichsam natürliche Strukturierung: Die versetzten Ebenen erzeugen räumliche Spannung und unterstreichen die Weite.

Architekt:

Prof. Gerd Gassmann, Freier Architekt, Amthausstr. 19, 76227 Karlsruhe, Fon (07 21) 40 60 31, Fax (07 21) 40 65 27.

Baukosten:

Reine Baukosten 400 000 €, Eigenleistung 15 000 €, Nebenkosten inkl. Architektenhonorar 40 000 €, Außenanlage 50 000 €.

Wohnfläche:

UG 108 m², OG 108 m².

Bauweise:

Außenwände Kalksandstein(KS)-Mauerwerk mit Wärmedämmverbundsystem, Holzskelettbauweise, außen Putz bzw. Holzverschalung, Stahltreppe mit Ahornlauffläche, Holzrahmen-Fenster, Bodenbeläge Holz, Naturstein.

Dach:

Satteldach 45°, Kaltdach, Mineralwolledämmung 20 cm, Eindeckung Tondachziegel, Massivbau mit Flachdach 7°.

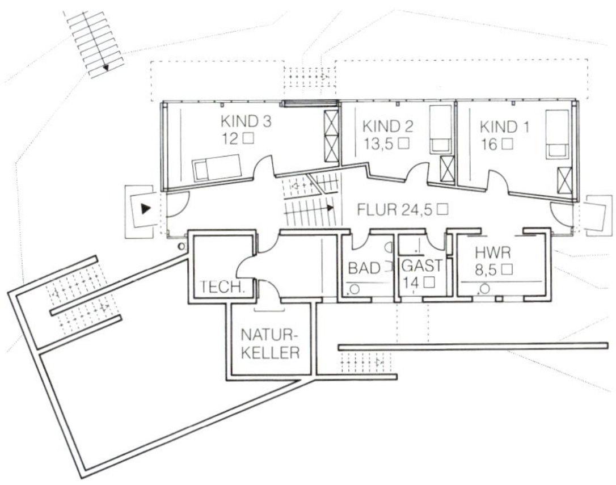

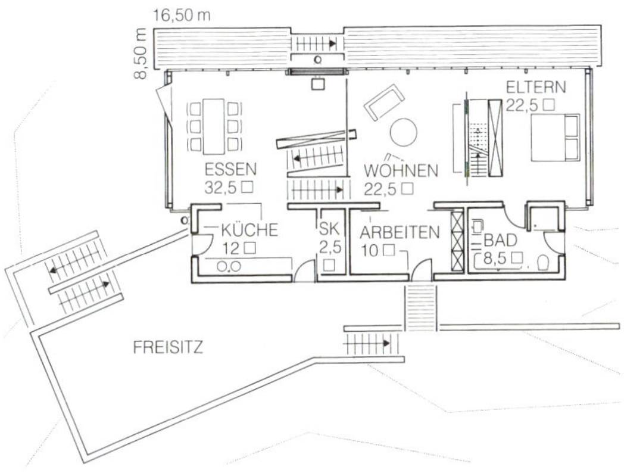

19

Aufgesetzt

Auffälligstes Merkmal hier ist der nach oben versetzte Dachaufsatz im Mittelteil des Baukörpers. Zweck dieser Maßnahme war, in den Privaträumen sowie in der offenen Arbeitsgalerie im Dachgeschoss eine bessere Versorgung mit Tageslicht zu gewährleisten. Gleichzeitig wurde damit eine bessere Gliederung des Baukörpers erreicht. Die Entwicklung eines offenen Wohn-/Essbereichs nebst Küche im Erdgeschoss erfolgt stufenweise über den vorgelagerten Wintergarten und die großflächige Terrasse in den Garten hinaus. Zusätzlich schafft der Wintergarten eine Verbindung zwischen Erd- und Dachgeschoss. Innen wird diese offene Verbindung über großzügige Flurbereiche mit einer Stahl/-Holztreppe erreicht.

Fotos: Bernhard Müller

Architekt:

Dipl.-Ing. Matthias Bruder, Freier Architekt, Burgunderweg 38, 72070 Tübingen, Fon (07073) 919764, Fax (07073) 919766

Baukosten:

Reine Baukosten 230 000 €, selbst be-wertete Eigenleistung 70 000 €, Nebenkosten inkl. Architektenhonorar 33 000 €.

Wohnfläche:

UG (Einlieger) 45 m², EG 95 m², DG 68 m².

Bauweise:

Außenwände porosierter Ziegel, 36,5 cm, Innenwände Hochlochziegel 11,5 cm. Betondecke.

Dach:

Satteldach 30°, Warmdach, Mineralwolledämmung, Tondachziegel.

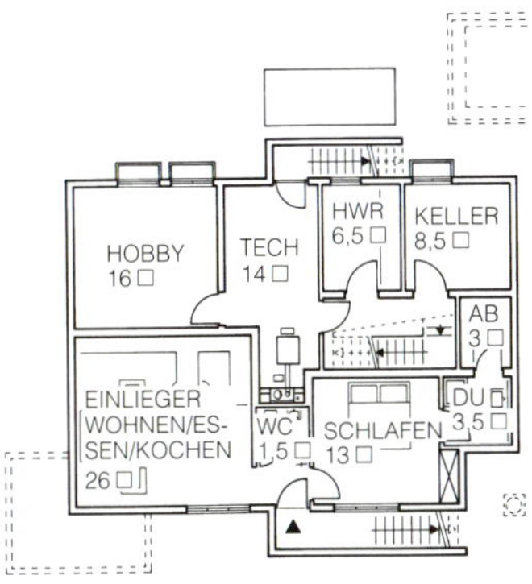

UNTERGESCHOSS

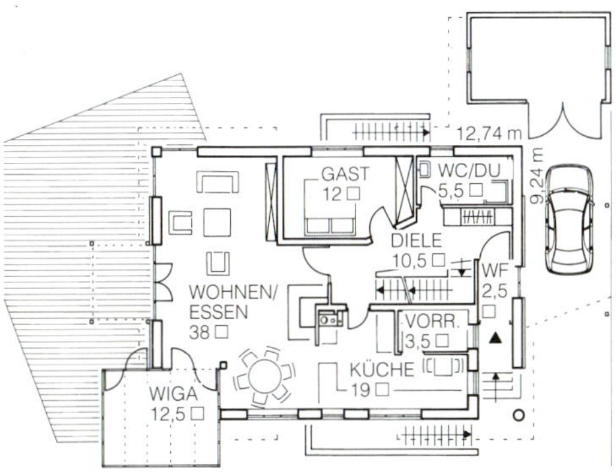

ERDGESCHOSS

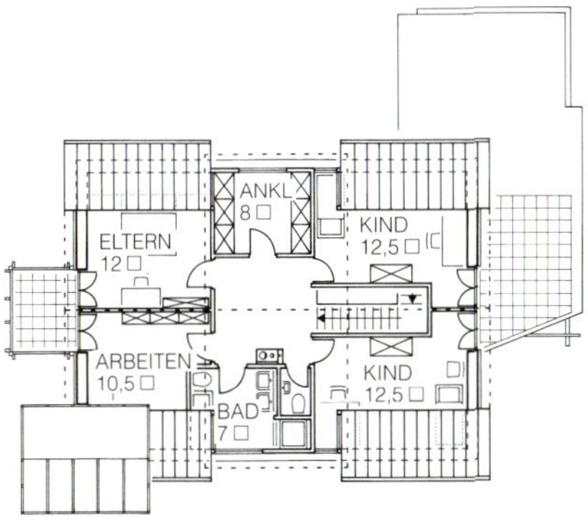

DACHGESCHOSS

Möglichst ökologisch

So viel Ökologie wie möglich und dabei so preiswert wie möglich," faßt Architekt Joseph Schräder die Hauptanforderung der Baufamilie an ihn zusammen. Er richtete das Haus deshalb konsequent nach Süden aus. Vor dem wintergartenähnlichen Teil des Wohnbereichs fängt ein schmaler Glasanbau Sonnenwärme auf. Bei Bedarf kann diese über Klappen ins Innere des Hauses weitergeleitet werden. Gleichzeitig wirkt der Anbau wie ein Wärmepuffer und schützt vor zuviel Wärmeverlusten. Kalksandsteinmauerwerk unterstützt dieses Konzept der passiven Solarenergienutzung. Es schafft Speichermasse, die die Wärme aufnimmt und in den kühlen Abend- und Nachtstunden wieder abgibt. Um Lüftungswärmeverluste zu vermeiden, wurde eine automatische Lüftungsanlage mit Wärmerückgewinnung eingebaut.

Die Solarkollektoren auf dem Dach sind ein weiterer Öko-Baustein. Mit Hilfe der Sonne liefern sie heißes Wasser. Von März bis Oktober übernehmen sie diese Aufgabe alleine, in den Wintermonaten werden sie von einem Gas-Brennwertkessel unterstützt.

Regenwasser wird gesammelt und in ein extra Rohrnetz im Haus eingespeist. Es versorgt Toiletten, Waschmaschine sowie Zapfstellen zum Blumengießen mit Wasser. Überschüsse werden in den Gartenteich geleitet beziehungsweise versickern auf dem Grundstück.

Tüpfelchen auf dem i ist das Gründach auf der Nordseite. Es hat Signalwirkung und macht das ökologische Konzept weithin sichtbar. Aber es wirkt sich auch nach innen aus und sorgt für ein angenehmes Klima in den Schlafräumen im Obergeschoß. Mit seiner großer Masse dämmt es den Schall, kühlt im Sommer und wärmt im Winter. Und es hatte Einfluß auf die Dachneigung. Die Nordseite ist nur 29,5 Grad geneigt. Aus gutem Grund, wie Architekt Schräder erklärt: „Je steiler das Dach, desto eher rutscht die Grasauflage runter." Nach Süden dagegen ist das Dach mit 50 Grad recht schräg. So fangen die verglasten Flächen in den Wintermonaten, wenn die Sonne niedrig steht, mehr Sonnenenergie ein.

Auch bei der Wahl der Baustoffe wurde auf ökologische Kriterien geachtet. Fichten- und Buchenholz für die Holzbalkendecken, Fenster und Fußböden nur geölt, Kalkputz, Lehm- und Tonziegel für den Kellerboden. Nur bei den Außenwänden ging man einen Kompromiß ein. Aus Kostengründen erhielten sie eine Thermohaut aus Mineralwolle.

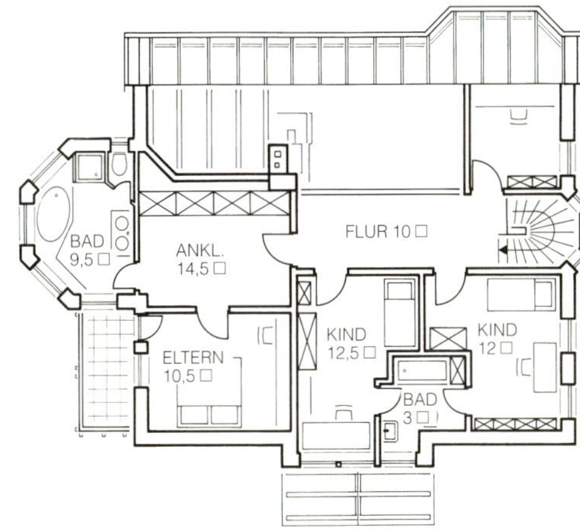

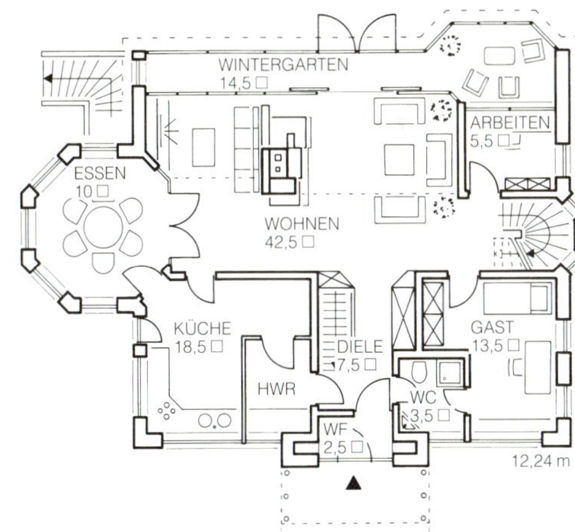

Daten & Fakten

Architekt: Dipl.-Ing. Joseph Schräder, Kaiserstr. 14, 33829 Borgholzhausen, Tel. (05425) 5274, Fax (05425) 7264.
Bauweise: Außenwände 24 cm Kalksandstein (KS) mit Thermohaut (8/12/14 cm Mineralwolledämmung); Innenwände 11,5 + 24 cm KS bzw. Leichtbau; Holzrahmen-Fenster, k-Wert Verglasung 1,5 W/m²K; Holztreppen; Vollkeller.
Dach: 50 + 29,5°-Satteldach; 14 cm Mineralwolledämmung; Gründach, Dachziegel.
Haustechnik: Gasbrennwertheizung, Wärmeübertragung: Heizkörper, Fußboden; Solarkollektoren; Wärmerückgewinnungsanlage; Kachelofen; Regenwassernutzung.
Wohnfläche: EG 118; DG 76 m².
Baukosten: reine Baukosten 240 000 €, bew. Eigenleistung 38 000 €, Nebenkosten inkl. Architektenhon. 28 000 €. (1993)

Traditionell und doch modern

Für Architekt Pastor zeichnet sich die Planung eines Einfamilienhauses gegenüber öffentlichen Projekten vor allem durch den engen Kontakt zu den Bauherren aus. In einem ständigen Dialog entwickelt sich aus scheinbar gegensätzlichen Wünschen ein realisierbares Lösungskonzept. Bei diesem Beispiel entstand so ein modernes Haus mit traditioneller Klinkerfassade, das sich einerseits zum Garten hin öffnet und andererseits vor ungebetenen Einblicken geschützt ist.

Auf den ungehinderten Durchblick kommt es an, fanden die Bauherren dieses beeindruckenden Hauses. So entstanden auf dem Papier als erstes zwei Achsen. Im rechten Winkel zueinander stehend ermöglichen sie von jedem Standpunkt aus einen freien Blick durchs Erdgeschoß bis in den Garten. Auf einem zweiten Papier wurden in Stichworten

Der Kamin bildet den Mittelpunkt des Hauses und ist ein Farbklecks im sonst eher zurückhaltend gestalteten Wohnbereich. Durch seine Lage ist er selbst vom Obergeschoß zu sehen. Trotz des verwinkelten Grundrisses herrscht im Innern eine klare Formensprache. Vereinzelt eingesetzte, große Solitär-Pflanzen beleben und lockern auf.

die Punkte notiert, die es zu realisieren galt. Dann erst kam Architekt Martin Pastor ins Spiel. Auch hier hatten sie nichts dem Zufall überlassen. Von mehreren Architekten wurden Referenzobjekte angefragt und gesichtet. Mit Architekt Pastor fanden die Bauherren den richtigen Partner für ihr Traumhaus. Es ist „wichtig, daß es unserem Geschmack und unserem Empfinden entspricht", erläutert der Bauherr die gründliche Vorbereitungsphase von 18 Monaten. Entstanden ist ein moderner Bau mit einer traditionellen, für den Niederrhein typischen Klinkerfassade.

**Das Haus lebt mit der Sonne.
Zu jeder Tageszeit werden Lichtstrahlen
eingefangen.**

Trotz der zeitgenössischen Anmutung sollte das Haus nicht kühl und unnahbar erscheinen, sondern zum Wohlfühlen einladen. Ausgehend von diesen Vorstellungen und den vorgegebenen Blickachsen entwickelte der Architekt den Baukörper. Dabei kam ein viereckiger Grundriß für die Bauherren ebensowenig in Frage wie eine innere Aufteilung der Zimmer nach diesem Prinzip. Das Haus sollte nicht „quadratisch", aber „praktisch und gut" werden. Architekt Pastor hat Raumstrukturen geschaffen, die von Versätzen und Verwinkelungen geprägt sind. Sie unterstützen das ungehinderte Eindringen der Sonnenstrahlen bis in die hinterste Ecke. Ebenso die bodentiefen Fenster. Sie prägen die Fassade auf der Gartenseite des Hauses und lassen zu jeder Tageszeit viel Licht herein. Um diesen Effekt zu verstärken, gibt es im Wohnbereich weder Zwischenwände noch Türen. Allein durch die Anordnung der Nutzungsbereiche entstanden geschützte Nischen. Für die Küche wurde ein praxistauglicher

Eine massive Treppe führt in das Obergeschoß. Hier verbindet eine Galerie brückenartig die Treppe mit den Zimmern. Über das Elternschlafzimmer kommt man in das großzügig angelegte Bad. Hier wie überall im Haus sorgen große Fenster für ausreichend Licht.

Kompromiß gefunden – eine zweiteilige Schiebetüre schottet diesen Arbeitsbereich, wenn nötig, von der übrigen Wohnung ab. In geöffnetem Zustand sind nur kurze Mauerstummel rechts und links zu sehen. Die Galerie schafft eine räumliche Verbindung zwischen dem Erdgeschoß und dem oberen Stockwerk. Sie gibt von oben den Blick auf den in Rot gehaltenen Kamin frei. Dieser wurde bewußt über die Dielenabschlußwand

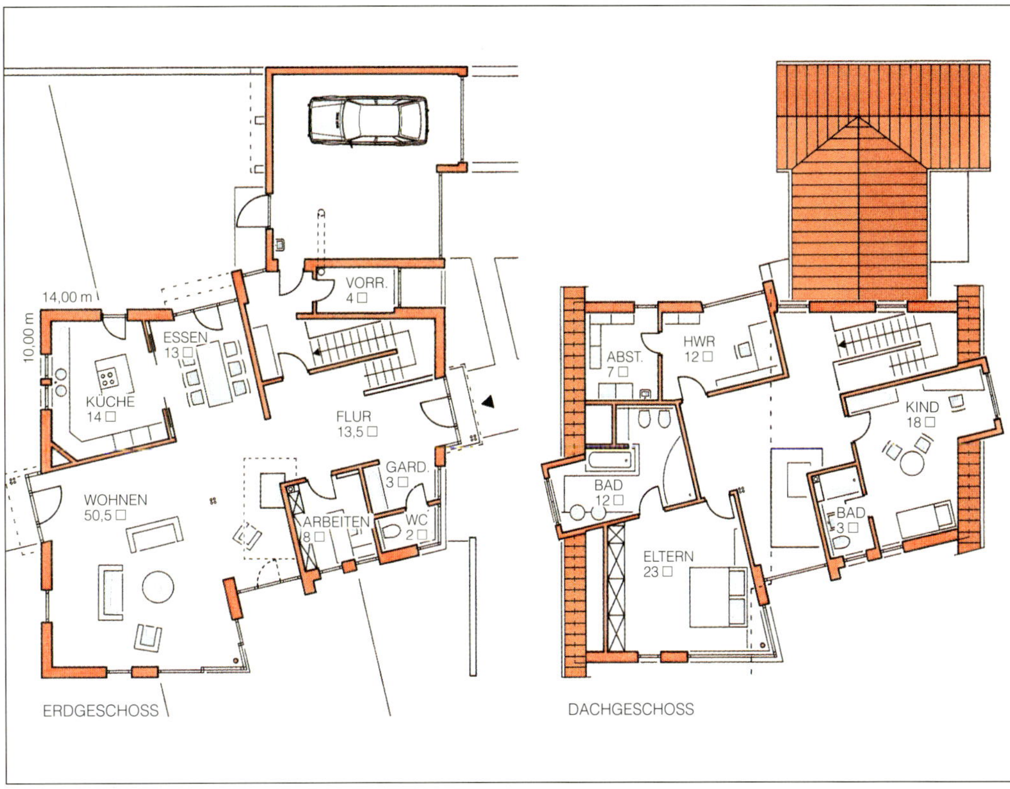

hinausgezogen, damit das offene Feuer von überall einzusehen ist.

Nicht nur optisch, sondern auch funktional wurden alle Bereiche im Haus eingebunden. Waschmaschine und Trockner finden im ersten Stock hinter dem Hauswirtschaftsraum ihren Platz. Die Wäsche kann also gleich an Ort und Stelle verarbeitet werden.

Auch die natürliche Umgebung sollte mit in den Wohnbereich einbezogen werden. Ungewöhnlich ist dabei die Ausrichtung des Baukörpers nach Norden. Ein in dieser Richtung liegendes Wäldchen hatte es der Baufamilie angetan und führte zu dieser Konstellation. Gemütlich im Wohnzimmer sitzend kann der Bauherr den Blick über den Teich mit den fröhlich bunten Fischen bis zu den Wipfeln der angrenzenden Bäume schweifen lassen. „Das war genau das Grundstück, das wir haben wollten", schwärmt der stolze Besitzer, „ein anderes hätten wir in diesem Baugebiet nicht genommen." Am Ende einer Neubausiedlung in einer Sackgasse gelegen, bietet es Schutz und Ruhe. Die Front zur Straße hin ist so klein wie möglich gehalten und gibt sich verschlossen. Kleine, hochgelegene Fenster verhindern Einblicke, lassen jedoch ausreichend Licht herein.

Eine gründliche Planung sowie intensive Gespräche mit dem Architekten führten zu einem funktionstüchtigen Haus. Denn wie schon anfangs erwähnt – auf den Durchblick kommt es an.

DATEN & FAKTEN

Architekten: Architektkturbüro Martin R. Pastor, Rott 80, 47800 Krefeld, Tel. (02151) 590216, Fax (02151) 950729.
Baukosten: auf Anfrage.
Baujahr: 1998-99.
Außenmaße: 10 x 14 m.
Wohnflächen: EG 104 m²; OG 75 m².
Bauweise: Außenwände Kalksandstein mit 8 cm Dämmung; Fassade großformatiger Klinker; Wandaufbau insgesamt 38,5 cm; Innenwände Kalksandstein 17 cm, Innenwandbelag Putz; Beton-Decke; Holzrahmen-Fenster, Wärmeschutzglas mit einem k-Wert von 1,1 W/m²K; Massivtreppe; Fußbodenbeläge aus Holz; Teilkeller.
Dach: Satteldach, 40° geneigt, Zellulose-Dämmung.
Haustechnik: Gas-Zentralheizung mit Brennwertkessel, Wärmeübertragung über Fußbodenheizung; Warmwasser zentral; Kamin.
Wärmebedarf: 20 kWh/m³a bezogen auf den umbauten Raum (V).
Produktinfos: Die Hausnummer ist vom Architekt gestaltet und produziert worden. Interessenten wenden sich direkt an Architekt Pastor.
KS-Info; AG Vormauerziegel & Klinker e.V.

Fotos: Ralf Heikaus

Ein Schiff wird kommen

Die wundervolle Lage des Grundstücks am Nord-Ostsee-Kanal beeinflusste grundlegend die Gestaltung und Ausrichtung dieses Hauses.

Grundstückssituation: Das Grundstück auf abschüssigem Gelände misst zirka 1000 Quadratmeter und grenzt auf der Westseite direkt an den Nord-Ostsee-Kanal. Es musste deshalb eine Schutzzone von 20 Metern von der Uferlinie des Kanals eingehalten werden. Die Nachbarschaft besteht aus reiner Wohnbebauung.

Das Haus wurde mit dem Hauptgiebel nach Westen ausgerichtet. Ein dreieckiger Erker schiebt sich über alle drei Geschosse aus der Fassadenfront, sodass man vom Wohnbereich und dem Elternschlafzimmer beobachten kann, wie die Schiffe auf der Wasserstraße vorbeiziehen.

Raumprogramm & Grundriss: Als Grundform wählte Architekt Fred-Conrad Straub ein Quadrat mit einer Kantenlänge von 10,08 Metern. Auf drei Seiten klappte er Dreiecksflanken aus, die die Ess-, Wohn- und Schlafräume erweitern bzw. ausreichend Platz für ein großzügiges Gäste-WC schaffen. Das Erdgeschoss ist als reine Wohnebene konzipiert mit fließenden Übergängen zwischen Wohnen, Essen und Kochen. Die Küche ragt als Vorbau aus der Hausfront heraus und formt einen geschützten Eingangsbereich. Durch ein Eckfenster hat man beim Kochen den Hauseingang gut im Blick. Dank der leichten Hanglage entstanden im Untergeschoss auf der Gartenseite vollwertig belichtete Wohnräume mit direktem Zugang auf die Ter- ▶

rasse. Hier befinden sich Kinderzimmer und Hobbyraum sowie hangseitig die eigentlichen Kellerräume. Die innere Organisation des Hauses wird durch das im Mittelpunkt platzierte Treppenhaus geprägt. Es verbindet nicht nur die drei Geschosse miteinander, sondern beeinflusst mit seiner achteckigen Form auch die Gestalt der angrenzenden Räume.

Konstruktion & Materialien: Das raue Seeklima Schleswig-Holsteins verlangt nach einer widerstandsfähigen Fassade. Straub verwendete deshalb Kalksandstein für das Mauerwerk. Die Wände sind zweischalig aufgebaut mit einem 17,5 cm dicken Hintermauerwerk und den 11,5 cm dicken bruchrauen Verblendern. Dazwischen liegen 8 cm Mineralwolle-Dämmung.

Architekt:

Dipl.-Ing. Fred-Conrad Straub, Dorfstr. 18, 24790 Schacht-Audorf, Fon (04331) 93121, Fax (04331) 93117.

Baukosten:

Keine Angaben.

Außenmaße:

10,08 x 10,08 m.

Wohnfläche:

UG 90 m², EG 106 m², DG 80 m².

Bauweise:

Außenwände 17,5 cm Kalksandstein (KS), 8 cm Mineralwolle-Dämmung, 11,5 cm KS-Bruchsteinverblender; Innenwände 11,5 + 17 + 24 cm KS; Kunststoffrahmen-Fenster, k-Wert der Verglasung 1,1 W/m²K; Massivtreppen, Lauffläche Naturstein; Bodenbeläge Naturstein, Textil; Vollkeller.

Dach:

Satteldach, 30° geneigt, Kaltdach mit 16 cm Mineralwolle-Dämmung, Betondachsteine.

Technik:

Gas-Niedertemperaturheizung, Wärmeübertragung: Heizkörper und Fußboden.

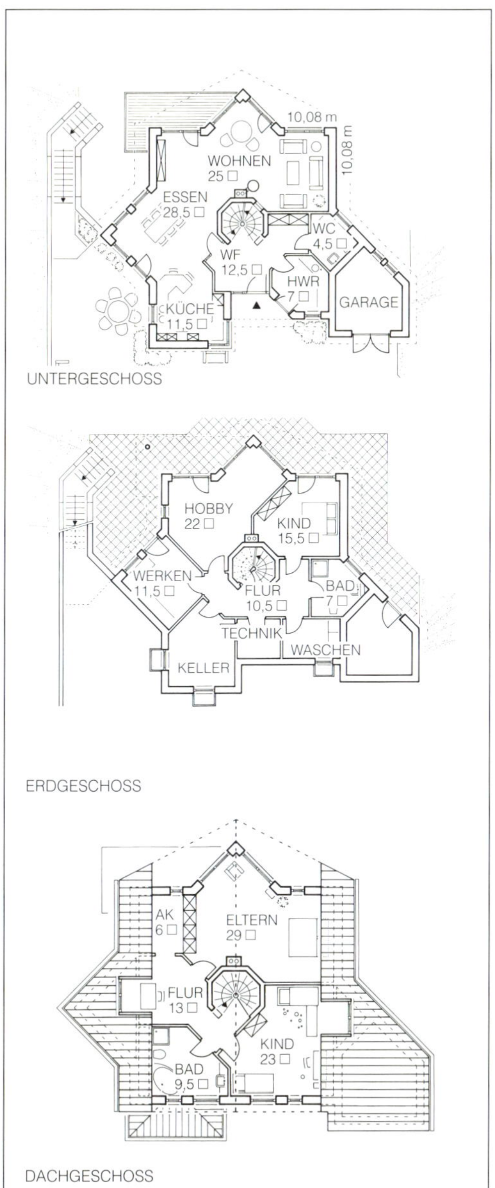

Die bruchrauen Steine schaffen eine lebendige Fassade. Die Fensterlaibungen wurden mit speziellen Formsteinen abgesetzt. Damit wollte der Architekt vermeiden, dass es zu steril, „wie gefliest", ausieht.

Warmluftspender

Spannungsvolles wohnen und die Nutzung alternativer Energiekonzepte waren die Hauptkriterien bei der Planung dieses Einfamilienhauses. Entscheidend mit dazu bei trägt der große Wintergarten an der Südseite des in Holzständerbauweise erstellten Gebäudes. Er ermöglicht nicht nur einen fließenden Übergang vom Haus zur Terrasse und in den Garten, sondern fungiert darüber hinaus als Heizung für einen beträchtlichen Teil des Hauses. Denn durch das Öffnen der Fenster fließt warme Luft in Wohn-, Esszimmer und Küche im Erdgeschoss sowie in zwei Kinderzimmer, Bad und Flur im Dachgeschoss. Der offene Kamin bildet dazu im Winter sowie in der Übergangsszeit die optimale Ergänzung.

Fotos: Brigida Gonzalez

Architekt:

Bauer + Partner Architekten
Karlstraße 36
72135 Dettenhausen
Fon (07157) 522670
Fax (07157) 522675

Baukosten:

Reine Baukosten 293 000 €, Nebenkosten inkl. Architektenhonorar 48 000 €, Außenanlage 15 000 €.

Wohnfläche:

UG (Einlieger) 49 m², EG 83 m², DG 79 m.²

Bauweise:

Außenwände Holzständerkonstruktion 28 cm mit 20 cm Dämmung, Innenwände aus zementgebundenen Holzspanplatten.

Dach:

Satteldach, Warmdach, Mineralwolledämmung, Tondachziegel.

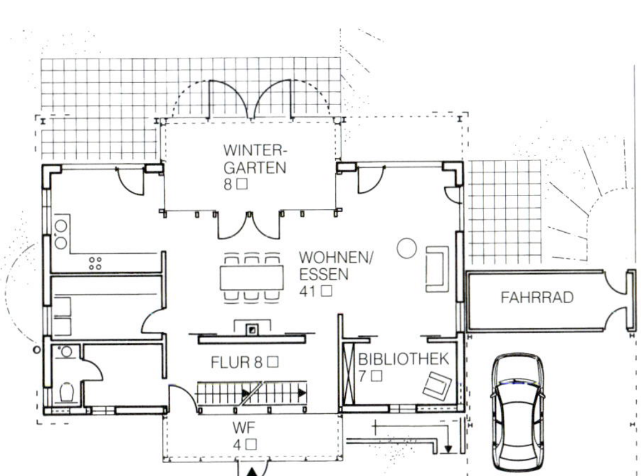

ERDGESCHOSS

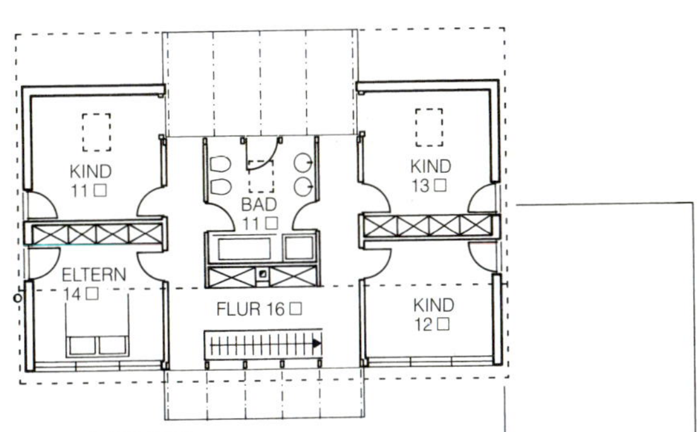

OBERGESCHOSS

Ökologisch durchdacht

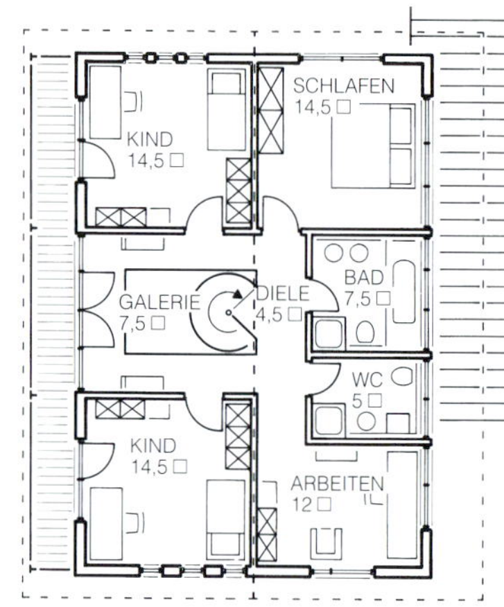

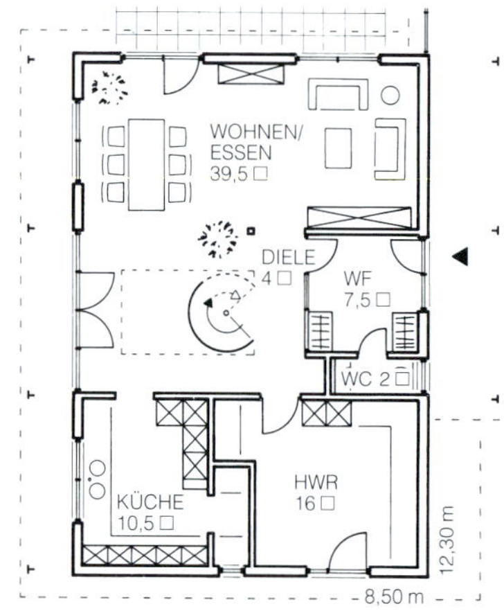

Bauökologische Grundsätze spielten bei der Realisierung dieses Hauses eine wichtige Rolle. Das Gebäude wurde von Architekt Hans Georg Stotz in seiner Lage und Kubatur so ausgerichtet, daß es möglichst wenig Wärme nach außen abgibt. So entstand ein kompakter, zweigeschossiger Baukörper mit einem flachen Pultdach. Dieses bietet dem Wind keine Angriffsfläche und läßt an der Südseite viel Licht ins Innere. Die ausladende Dachfläche wird mit Stahlstützen abgefangen und sorgt bei hochstehender Sonne für die Verschattung. Zwischen den Stahlstützen und der Gebäudefront scheint ein schmaler Balkon zu schweben. Die Trägerkonstruktion findet im Innern des Hauses ihre Entsprechung. Hier hält sie den Holz-Stahlsteg, der zusammen mit der Spindeltreppe einen offenen Galeriebereich bildet.

Daten & Fakten

Architekten: Dieter Körner, Hans Georg Stotz, Züttlinger Str. 51, 70437 Stuttgart, Tel. (07 11) 84 14 71, Fax (07 11) 84 75 08.
Bauweise: Außenwände 30 cm in Holzbauweise mit 6 + 18 cm Zellulosedämmung; Innenwände 14 + 16 cm Holzkonstruktion; Holzrahmenfenster, k-Wert Verglasung 1,1 W/m²K; Stahlspindeltreppe, Lauffläche Ahorn; Bodenbeläge Holz, Keramik; Bodenplatte.
Dach: Pultdach 10° geneigt; Warmdach mit 18 cm Zellulosedämmung; Eindeckung Titanzink.
Heizung: Gas-Brennwertheizung, Wärmeübertragung: Heizkörper, Fußboden.
Wohnfläche: EG 89 m², DG 81 m².
Baukosten: Auf Anfrage.

HÄUSER DER ZUKUNFT

Die Frage nach dem Haus der Zukunft kann auf verschiedene Weise gestellt werden. Zum einen gestalterisch: Bleiben wir auf alle Ewigkeit beim Häusle mit Satteldach? Zum andern ökologisch: Können wir es uns leisten, Häuser mit (relativ) hohem Energieverbrauch zu bauen? Dieses Buch begnügt sich nicht damit, beide Fragen mit Nein zu beantworten, sondern zeigt Möglichkeiten und Beispiele auf, wie das Einfamilienhaus der Zukunft Technik und Gestaltung harmonisch in Einklang bringen kann. Und wie der Bauherr dabei vom Staat unterstützt wird.

Für sonnige Gemüter

Wenn man unter zukunftsweisendem Bauen die Verknüpfung ökologischen und biologischen Bauens versteht, dann ist das hier vorzustellende Haus einer fünfköpfigen Familie ein hervorragendes Beispiel dafür. Dank des guten Zusammenspiels von Bauherr und Architekt entstand ein Passivhaus mit Schwerpunkt auf aktiver und passiver Nutzung der Sonnenenergie.

Die 15°-Neigung der Südfassade erhöht die Leistungsfähigkeit der Solaranlage und verleiht dem Haus ein dynamisches Erscheinungsbild. Dieser Eindruck wird durch die Holzschalung verstärkt, die die 15°-Neigung aufnimmt, parallel zum Dach. Weiterer Vorteil der Gebäudeform: hohe, helle Räume im Dachgeschoß. Auch beim Innenausbau achtete die fünfköpfige Familie darauf, möglichst wohngesunde Materialien zu verarbeiten.

Daß ein Solarhaus in einem Dorf Aufsehen erregt, auch wenn es im Neubaugebiet liegt, ist klar. Zumal, wenn eine Front auch noch schrägsteht, nämlich 15°, und dann auch noch ein Pultdach darüber! Aber dieses Auffallen hat auch seine Vorteile: „Ein Besucher hatte die Straße, in der unser Haus liegt, vergessen, aber als er nach dem Solarhaus fragte, wußte man sofort Bescheid", erzählt Bauherr Klaus Lambrecht. Der Diplom-Physiker hat beruflich mit Solarenergie zu tun, mit seinem Büro „Econsult" berät er unter anderem Architekten. Und so war es für ihn eine Frage der Glaubwürdigkeit, die aktive und passive Nutzung der Solarenergie bei seinem eigenen Haus im schwäbischen Seebronn bei Rottenburg so weit wie möglich umzusetzen.

In dem Tübinger Architekten Gottfried Haefele fand er einen idealen Planungspartner, wie Lambrecht betont. „Meine Haustechnik-Planung hat ja auch gestalterische Auswirkungen, und Haefele hat da voll mitgemacht." Diese gestalterischen Auswirkungen, von denen Lambrecht spricht, sind erst auf der Südseite des Hauses zu entdecken. Nähert man sich dem Haus von Norden her, liegt es eher unscheinbar da. Doch die schräge Südfassade mit ihren insgesamt 34 Quadratmetern Kollektorfläche prägt neben der roten Farbe des Bürotraktes das gesamte Erscheinungsbild nachhaltig.

Architekt Haefele bezeichnet die Zusammenarbeit mit Lambrecht als „konstruktiv". Für ihn war es motivierend zu erkunden, „wie sich die technischen Vorgaben des Bauherrn in ein gestalterisches Konzept bringen lassen." In erster Linie ging es um die Frage: „Gibt's andere Möglichkeiten, als die Kollektoren aufs Dach draufzusetzen."

Aus den solartechnischen Vorgaben entwickelte der Architekt eine eigene Ästhetik

Es gab sie, wie man sieht, aber um das Gebäude in seiner jetzigen Form zu realisieren, bedurfte es einer Ausnahmegenehmigung. Haefele bewies hier großes Geschick, die ihm vorschwebende Lösung einerseits den Nachbarn, andererseits der Stadt Rottenburg und dem Ortschaftsrat von Seebronn schmackhaft zu machen. Andererseits zeigten sich Letztere dem energetisch ambitionierten Vorhaben gegenüber aufgeschlossen.

Beim Haus Lambrecht handelt es sich um ein sog. „Passivhaus“, das heißt sein jährlicher Heizwärmebedarf liegt bei höchstens 15 Kilowattstunden pro Quadratmeter Wohnfläche (15 kWh/ m²a). Der spezifische Heizwärmebedarf liegt zwar bei 27,3 kWh/m²a, doch weil die Solaranlage über 50 Prozent des Wärmebedarfs deckt, wird die Passivhaus-Norm spielend erreicht. Übrigens: Auch das Holz, mit dem die Zentralheizung befeuert wird (Holzvergasung), gilt als regenerative Energiequelle.

Daß das Haus so wenig Energie verbraucht, hat auch mit der Bauweise – und iher sauberen Ausführung! – zu tun. Vorgefertigte Holzrahmen wurden mit Zellulose als Dämmstoff gefüllt. Die Dämmstärke beträgt in den Außenwandteilen immerhin 26 bis 37 cm, im Dach 30 cm, so daß k-Werte zwischen 0,18 und 0,20 W/m²K erreicht wurden.

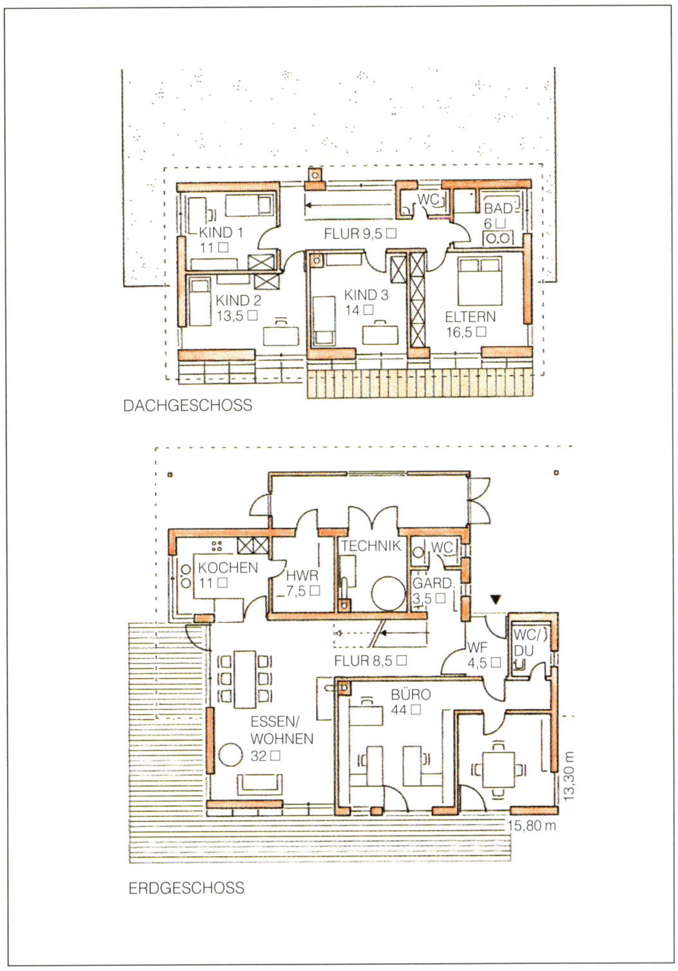

Rund doppelt so groß wie die Kollektorfläche, nämlich 70 m², ist die verglaste Fläche des Hauses. Dank eines k-Wertes von 1,1 W/m²K weisen die Fenster eine positive Energiebilanz auf, das heißt die solaren Wärmegewinne überwiegen die Verluste. Damit es im Sommer aber nicht zu heiß wird im Haus, sorgen außenliegende Jalousien für Sonnenschutz. Außerdem trägt ein Erdregister oder Erdwärmetauscher dazu bei, daß das Haus auch im Sommer bewohnbar ist. Dieser Erdwärmetauscher besteht aus einem Rohrsystem (hier 42 Meter), das zwischen 1 und 1,5 Metern unter dem Haus verlegt wird und das Haus mit Frischluft versorgt. „Im Sommer kühlt das Erdregister, im Winter erwärmt es die Zuluft“, freut sich Lambrecht. „Vom Erdregister strömt die Zuluft in die Büro- und Wohnräume, in den Naßzellen wird die belastete Luft abgesaugt und als Abluft über Dach geführt.“

Die Kühlfunktion spricht nach Ansicht Lambrechts eindeutig für das Erdregister und gegen die konventionelle Wärmerückgewinnung, mit der die allermeisten Lüftungsanlagen ausgestattet sind.

Klar, daß für einen Solarfreak wie Klaus Lambrecht auch die Art der Stromerzeugung eine große Rolle spielt. Und so ist es nur konsequent, daß aufs Bürodach demnächst noch eine Photovoltaik-Anlage kommt.

DATEN & FAKTEN

Architekten: Dipl.-Ing. Gottfried Haefele, Büro Oed & Haefele, Kelternstr. 9, 72070 Tübingen, Tel. (07071) 23656, Fax (07071) 21008.
Baukosten: Reine Baukosten 301000 €, Nebenkosten inkl. Architektenhon. 33000 €, bewert. Eigenleistung 15000 €, Außenanlagen (inkl. Gartenkeller) 25000 €.
Baujahr: 1997-98.
Außenmaße: 15,80 x 13,30 m.
Wohnflächen: EG 112 m² (inkl. Büro), OG 72 m².
Bauweise: Holzrahmenkonstruktion mit Zellulose- bzw. Holfaserplatten-Dämmung (Dämmstärke 26-37 cm), Wandstärke 40-55 cm; Solarfassade (34 m²) bzw. Holzverschalung, Innenwände in Holzleichtbauweise mit Gipsfaser bzw. Lehm; Holzbalkendecken; Holzrahmen-Fenster mit Wärmeschutzverglasung (k-Wert 1,1 W/m²K); Bodenbeläge Eiche massiv, geölt und gewachst.
Dach: Pultdach 15°, 30+6 cm Zellulosedämmung, Kaltdach, extensive Begrünung.
Haustechnik: Holz-/Solar-Zentralheizung, Holzvergaser; Wärmeübertragung über Fußboden (Naßräume) und Wandflächen; Lüftungsanlage mit vorgeschaltetem Erdwärmetauscher; Technik-Steuerung mit Europäischem Installationsbus (EIB).
Wärmebedarf: ≤15 kWh/m²a (Passivhaus)
Produktinfos: Solarfassade – Wagner; Heizung – Justus

Technik und Wohlgefühl als Synthese

Ökohäuser stehen im Ruf, nur etwas für Müsli-Freaks zu sein. Doch das ist der Wissensstand von vorgestern. Ökologisches Bauen hat mit schadstoffarmer Technik zu tun, die aber keinesfalls das häusliche Leben überlagert. Der Langenfelder Architekt Hans-Jürgen Freiter zeigt, wie technische und rechtliche Vorgaben in zeitgemäße Gestaltung und wohnliches Ambiente umgesetzt werden können.

Auch und gerade beim Bau eines Einfamilienhauses stellt sich die Frage nach dem Umgang mit der Natur. Für Architekt Hans-Jürgen Freiter gibt es hier zwei Ansätze: einen emotionalen-sinnlichen, der damit zu tun hat, daß man auch im Haus die Natur erleben kann, das Licht, das Grün. Und dann ist da der rationale Ansatz mit dem Ziel, modernste Technik einzusetzen, um den Energieverbrauch des Hauses möglichst zu minimieren. Beide Aspekte will Freiter zusammenzuführen zu einer „Synthese aus Technik und Wohlfühlen."

Wer sich Freiters eigenem Haus nähert, wird zunächst nur die technizistische Anmutung des Hauses registrieren: eine dynamische, ja explodierende Dachlandschaft aus mehreren ineinandergeschobenen Platten, Schiefer- und Glasflächen, bestückt mit

Das Innere des Hauses bildet einen Kontrast zur technizistischen Ausstrahlung des äußeren Erscheinungsbildes. Beton-, Holz- und Kalkputzflächen sorgen für optische Ruhe und stellen somit das ideale Ambiente dar für die expressiven Gemälde.

Rechtliche Vorgaben, moderne Technik und anspruchsvolle Gestaltung durchdringen sich zu einem stimmigen Ganzen

Durch die großen Glasflächen fällt viel natürliches Licht ins Haus, was nicht nur die Energiebilanz des Hauses in Form von Sonnenenergie verbessert, sondern auch für angenehme Atmosphäre sorgt. Architekt Hans-Jürgen Freiter lenkt das Tageslicht durch raffinierte Schnitte geschickt in alle Bereiche des Hauses.

Sowohl bei der Grundrißgestaltung als auch bei der Raumbildung bediente sich Architekt Freiter ungewöhnlicher Zuschnitte

allerlei Solartechnik. Aber auch hier handelt es sich um eine vielschichtige Synthese, wie Freiter darlegt.

Zum ersten gab es Vorschriften. „Der Bebauungsplan schrieb ein Satteldach mit Firstrichtung parallel zur Straße vor", erzählt er. „Daraus ergaben sich die schiefergedeckten Dachflächen, wobei der First aufgelöst wurde, denn die Platten stoßen nicht direkt aufeinander."

Nun kam, zweitens, die Technik ins Spiel: „Die große Dachplatte mit den Photovoltaik-Paneelen mußte 30° geneigt und nach Süden orientiert sein, um eine optimale Energieausbeute zu erzielen", erklärt Freiter. Und Süden bedeutete genau 90° versetzt zur Firstrichtung. „So entstand diese Durchdringung der großen Platten. Und darunter, sagte ich mir, entsteht hinten und vorne jeweils eine große Gaube."

Schließlich machte sich Freiter, drittens, die rechtlichen und technischen Vorgaben gestalterisch zunutze. Die Auflösung des Firstes zeigt sich hier als Teil eines Konzepts: „Ich wollte überhaupt kein Dach haben, sondern einen Kubus, der einfach von Platten umschlossen wird."

Auflösungserscheinungen im Freiterschen Sinne offenbart auch der Grundriß. Statt rechter Winkel gibt es hier eine Fülle von Achsen, Flächen- und Raumzuschnitten. Vom Eingang aus laufen zwei Wandscheiben wie Strahlen auseinander in Richtung Wohnbereich, der durch ungewöhnliche Winkel und Bögen definiert wird. „Daraus", so der Architekt, „haben sich auch diejenigen Räume entwickelt, die nicht genau gefaßt sind." Wird das Haus

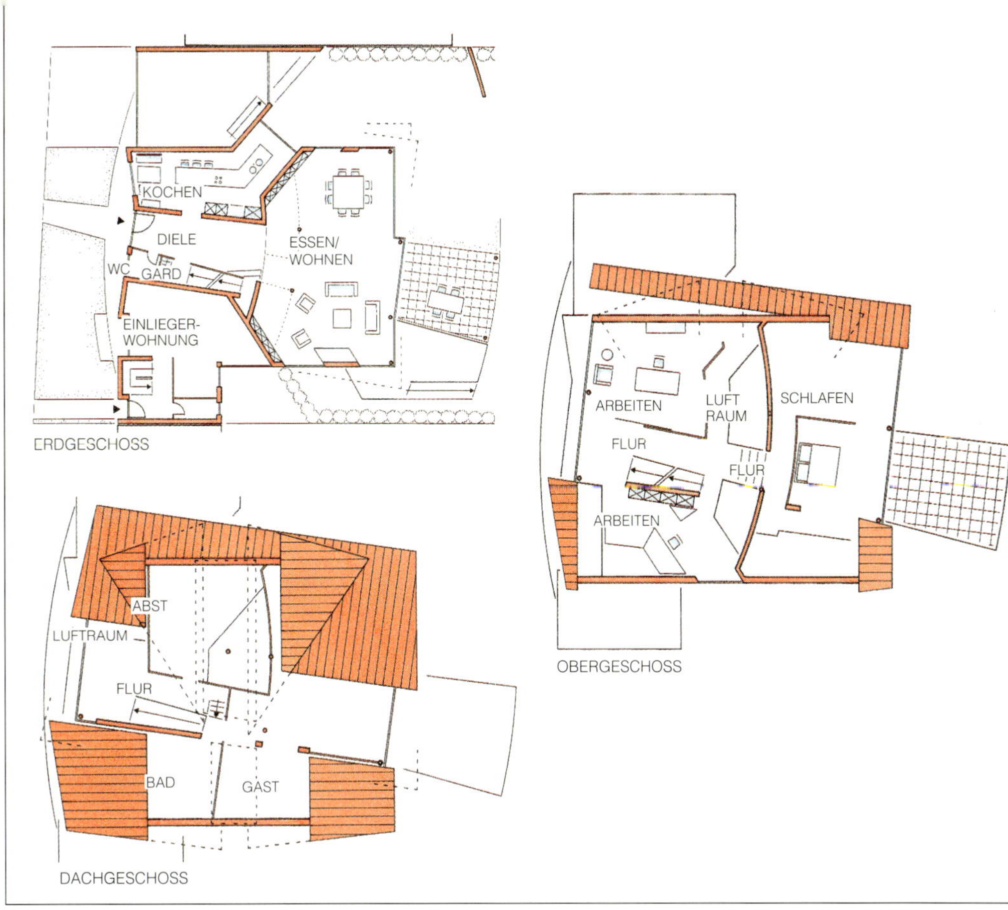

als Ganzes insgesamt nicht zu unruhig? Nein, meint Freiter, denn die dezente Farbgebung und die großen ruhigen Dach- und Glasflächen sorgten für eine gewisse Vereinheitlichung.

Im Innern herrscht eine ruhige, fast meditative Stille. Hier legen die meisten Besu-

Die Haustechnik ist ein zentrales Element im Energie-Konzept des Hauses. Wichtig ist deren optimale Steuerung, damit alle Komponenten effizient wirken und den Energieverbrauch des Hauses minimieren können. Im Haus Freiter nimmt der Instabus (EIB) diese Funktion wahr.

cher ihre Skepsis gegenüber dem Haus ab. „Wenn die Leute ins Haus kommen", sagt Freiter, „merken sie, daß die Technik nicht im Vordergrund steht. Sie registrieren den Kalkputz, das kanadische Ahornparkett, die Betonflächen, das Gelb, das alles strahlt eine große Ruhe aus."

Freiter bezeichnet sein Haus als Ultra-Niedrigenergiehaus, der Jahresheizwärmebedarf liegt bei ?? kWh pro Quadratmeter Wohnfläche. Mit seiner Photovoltaik-Anlage erzielt er aufs Jahr gerechnet einen Stromüberschuß, so daß der im Sommer zuviel produzierte Strom ins Netz gespeist wird. Die Solarkollektoren dienen sowohl der Warmwasserbereitung als auch der Heizungsversorgung. Den Deckungsgrad beziffert Freiter auf 50 bis 60 Prozent. Die Energietechnik wird wie die gesamte Haustechnik von

einem Installations-Bus (EIB) gesteuert. Dadurch können die einzelnen Komponenten optimal aufeinander abgestimmt werden.

Fraglos handelt es sich bei diesem Haus um die Visitenkarte des Architekten, und die hat ihren Preis. Kann man aber diese Verbindung aus Technik und Ästhetik auch im preisgünstigeren Segment verwirklichen? Freiter antwortet mit einem klaren Ja. Er habe bereits Reihen- und Doppelhäusern entwickelt, die technisch und gestalterisch in eine ähnliche Richtung gehen. Hier sieht Freiter eine zentrale Voraussetzung für zukunftsweisendes Bauen: „Mehr Vorfertigung, stärkere Rationalisierung, Industrialisierung, mehr Wiederholungsprozesse, um beim Rohbau wirklich Geld einsparen zu können, das man dann sinnvoller in moderne Energietechnik, Komfort, Architektur investieren kann."

DATEN & FAKTEN

Architekt: Dipl.-Ing. Hans-Jürgen Freiter, Solinger Str. 93, 40764 Langenfeld, Tel. (02173) 23082, (02173) 23085.
Baukosten: reine Baukosten 750000 €, bewertete Eigenleistung 150000 €.
Baujahr: 1998-99.
Außenmaße: 12 x 15 m.
Wohnflächen: keine Angaben.
Bauweise: Außenwände aus Betonmauerwerk 12 cm und Hartschaumdämmung 12 cm; Innenwände Kalksandstein, Beton und Leichtbau, Fenster mit Wärmeschutzverglasung (k-Wert 1,1 W/m²K), Massivtreppe mit Sichtbetonlauffläche, Bodenbeläge Holz, Keramik.
Dach: Satteldach-/Pultdach-Kombination 45°/30°, Ortbetonplatten.
Haustechnik: Gas-Zentralheizung mit Brennwertkessel, Wärmeübertragung über Fußboden, Warmwasser zentral; Solaranlage zur Brauchwassererwärmung und Heizungsunterstützung; Photovoltaikanlage, Stromüberschüsse werden ins Netz eingespeist. Steuerung der Haustechnik über Instabus.
Jahresheizwärmebedarf: 35,5 kWh/m².
Produktinfos: Photovoltaik – Pilkington; Solaranlage – Viessmann; Fensterglas – Pilkington, Vegla; Instabus – Gira

Fotos: Jörg Pfäffinger, Saulgau

Aktiv zum Passivhaus

Einer muß den Anfang machen, dachten sich die Architekten und Eheleute Stefan Oehler und Heike Wiest im badischen Bretten. Also bauten sie eines der ersten freistehenden Einfamilienhäuser, die die strengen energetischen Kriterien des Passivhauses erfüllen. Und das gelang ihnen ohne Abstriche an der architektonischen Qualität.

Während draußen ein ungemütlicher Herbstwind pfeift, sitzen wir am großen Eßtisch vor der Glasfront, und es ist angenehm warm. Aber: „Die Heizung ist abgeschaltet“, versichert Bauherr und Architekt Stefan Oehler. Was den Besucher überraschen mag, ist für ihn und seine Frau Heike Wieser, ebenfalls Architektin, nichts Besonderes. Schließlich befinden wir uns in einem Passivhaus. Und das zeichnet sich dadurch aus, daß es einen maximalen jährlichen Heizenergiebedarf von nur 15 Kilowattstunden pro Quadratmeter Wohnfläche hat. Zum Vergleich: Die gültige Wärmeschutzverordnung erlaubt Werte zwischen 54 und 100 kWh/m²a, der Niedrigenergiehaus-Standard liegt um 25 Prozent darunter.

Und so kommt ein Passivhaus zustande: kompakter Baukörper, konsequente passive Nutzung der Sonnenenergie, besonders dicke Dämmung ohne Wärmebrücken, Luftdichtigkeit, damit die Lüftungsanlage mit Wärmerückgewinnung ohne Verluste arbeiten kann. Entscheidend ist die „Optimierung und systematische Abstimmung der einzelnen Komponenten“, erklärt Oehler.

„Wir wollten von vornherein ein Passivhaus bauen und haben schon die Grundstückssuche danach ausgerichtet“, erzählt er. Wichtige Kriterien waren Verschattungsfreiheit auch bei nachträglicher Bebauung des Nachbargrundstückes und die Möglichkeit, das Haus konsequent nach Süden auszurichten. Letzterer Punkt, „das Lechzen nach jedem Sonnenstrahl“, wie Öhler es umschreibt, führte zu der runden Glasfassade und

Die Süd-Glasfassade wurde eigens für dieses Haus entwickelt. Kosten für 1 m² Glasfläche: 600 Euro. Da diese Elemente inzwischen wesentlich rationeller herzustellen sind, wird der Preis laut Architekt Stefan Oehler auf 200 Euro pro Quadratmeter nachgeben.

Die verglaste Rundfassade und der diagonal zugeschnittene Grundriß erklären sich aus dem Bestreben, das Haus optimal nach Süden auszurichten. Aus der offenen, zwei Geschosse hohen Wohnhalle ergeben sich mittels Galerie und Innenfenstern spannende Sichtbeziehungen.

Ziel war, ein freistehendes Passivhaus in ansprechender Form zu realisieren

der diagonalen Ausrichtung des Grundrisses, die dem Haus im Zusammenspiel mit Treppenturm (mit verzinktem Stahlblech verkleidet) und dem Flachdach einen recht ungewöhnlichen Charakter verleihen.

Es war Stefan Oehler und Heike Wieser ein besonderes Anliegen zu demonstrieren, daß man ein Passivhaus nicht nur als freistehendes Einfamilienhaus realisieren kann, sondern dazu in einer ansprechenden Form. „Bei einem Passivhaus müssen sehr viele technische Sachen unter einen Hut gebracht werden, und das führte dazu, daß die Architektur oft im Hintergrund blieb, was natürlich mit den Kosten zu tun hatte“, sagt Oehler. „Wir wollten dieses Image ändern und die Architektur zu ihrem Recht kommen lassen.“

Das Raumprogramm des Hauses vereint Wohnen und Arbeiten unter einem Dach. Zentrum der Wohnung ist die große Wohnküche, von Oehler als Atrium bezeichnet. Dieser Raum erstreckt sich hinter der großen Glasfassade nach oben über zwei Geschosse. „Das war eine persönliche Vorliebe von uns. Um diesen Raum wollten wir die anderen

Neben Wärmedämmung und passiver Solarenergienutzung zählt eine ausgeklügelte, gut aufeinander abgestimmte Haustechnik zu den wesentlichen Bestandteilen eines Passivhauses. Im Bild ganz links zu sehen die Brennwerttherme samt Speicher sowie – an der Decke – die Lüftungsanlage mit Wärmetauscher. Die Leitungen werden leicht verkleidet (und dadurch gut zugänglich) durchs Treppenhaus geführt. Im Bad befindet sich eine der Öffnungen, durch die verbrauchte Luft abgeführt wird. Das bewußt ungedämmte Rohr gibt Wärme an den Raum ab. Großes Bild: die 20 m² große Photovoltaik-Anlage.

Nur optimales Zusammenspiel aller energetisch relevanten Faktoren ermöglicht ein Passivhaus

Räume anordnen." Dabei stellen im Obergeschoß jeweils drei Innenfenster Sichtbeziehungen her, sorgen für Belichtung, ohne als Abkühlflächen zu wirken.

Den Grundriß später einmal verändern zu können war ebenfalls ein Anliegen. „Das Untergeschoß mit dem Büro ist so geplant, daß es jederzeit als Wohnraum genutzt werden kann." Es ist voll gedämmt, ein Dusch-WC bereits eingerichtet. Wichtig war den Architekten, ein Angebot an verschiedenen Räumen zu haben. Um den großen zentralen Raum gruppieren sich kleine, eher introvertierte Zimmer: „Das Ende vom Schneckenhäuschen, wohin man sich verkriecht."

Daß das Haus mit seinen 400000 Euro Gesamtbaukosten nicht gerade billig ist, weiß Oehler. Das hat mit dem Prototyp-Charakter des Hauses zu tun. Doch es gibt Fortschritte. Die eigens für dieses Haus entwickelte Glasfassade gibt es mittlerweile als Komplettsystem mit Verschattung und ist dadurch rationeller und günstiger zu produzieren. Oehler lotet gerade die untere Preisgrenze aus: Er plant ein Haus mit 100 m² Wohnfläche für 150000 Euro.

DATEN & FAKTEN

Architekten: Dipl.-Ingenieure Stefan Oehler und Heike Wiest, Rosa Luxemburg 2, 75015 Bretten, Tel. (07252) 957626, Fax 957627.
Baukosten: Reine Baukosten 300000 €, Gesamtbaukosten 400000 €.
Baujahr: 1997-98.
Außenmaße: 9 x 9 m.
Wohnflächen: UG: 50 m², EG 61,5 m², OG 40,5 m².
Bauweise: Holzkonstruktion (Stegträger) mit 36 cm Mineralwolle gedämmt, Innenwände ebenfalls in Leichtbauweise; Untergeschoß Betonmauerwerk und Holzständer kombiniert; Brettstapeldecken; Glasfassade mit Holz-Alu-Konstruktion und Polyuretan-Hartschaumdämmung (k-Wert 0,85 W/m²K), Beton-Spindeltreppe, Bodenbeläge Holz .
Dach: Flachdach (2°), Sparrenkonstr., Mineralwolledämmung 40 cm, Warmdach, Folie.
Haustechnik: Luftheizung mit Gas-Brennwerttherme und kontrollierter Lüftung mit Wärmerückgewinnung; Photovoltaik-Anlage (20 m² Solarzellenfläche).
Wärmebedarf: 13 kWh/m²a
Produktinfos: Glasfassade – Pazen eurotec; Holz – Bundesverband deutscher Zimmermeister; Beton – Informationszentrum Beton; Brennwerttherme – Paradigma; kontrollierte Lüftung mit Wärmerückgewinnung – TemoVex; Dämmung – Fachvereinigung Mineralfaserindustrie; Industrieverband Polyurethan-Hartschaum.

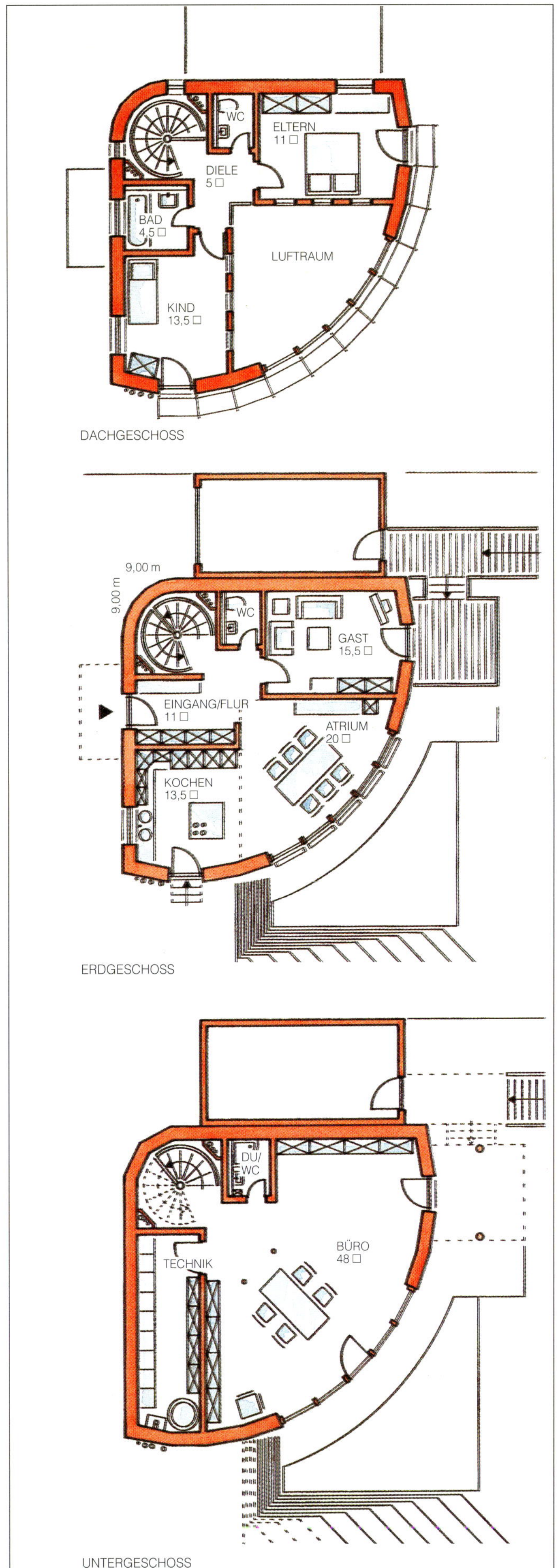

ARCHITEKTUR & LANDSCHAFT DIE REGION LEBT!

Ist es heutzutage im globalen, vernetzten Zeitalter überhaupt noch sinnvoll, so etwas wie regionalem Bauen nachzuspüren? Wir meinen ja, denn wenn die Welt immer mehr zusammenwächst, wächst auch der Wunsch, Identität, Unverwechselbarkeit zu wahren. Zum Beispiel mit Häusern, die auch etwas über ihren Standort erzählen.

Die pfälzische Haus- und Hofbauweise wurde hier charmant neu belebt.

Anything goes – man mag diesen Spruch aus den 80er Jahren zwar kaum noch hören, aber es scheint, als treffe er jetzt erst wirklich zu. Das beliebige Mit-, Durch- und Nebeneinander ist durch das weltumspannende, die Unterschiede gnadenlos einstampfende Internet grenzenlos worden. Ein Blick durch die Neubaugebiete lehrt, dass auch im Hausbau oft erlaubt ist was gefällt.

Macht es angesichts der Diktatur der Gleichzeitigkeit überhaupt noch Sinn, nach Spuren regionalen Bauens, nach Unterscheidbarem, historisch Gewachsenem zu suchen? Gibt es überhaupt noch so etwas wie landes- oder landschaftstypisches Bauen? Ja, es macht Sinn. Denn mit dem Siegeszug des Kapitalismus der gnadenloseren Art nimmt das Bedürfnis nach Geborgenheit zu, der Wunsch, ein bisschen Identität zu bewahren. Im Eiswind des Kapitalismus erhält ein früher belächelter bis bekämpfter Begriff wie Heimat ganz neue Qualität. Vielleicht könnte man regionales Bauen in diesem Zusammenhang als eine Art „Cocooning nach außen" bezeichnen.

Heißt das, regionales Bauen ist letztlich ein hoffnungsloses Unterfangen, die gute alte Zeit, die so gut nur in der Erinnerung war, wieder lebendig zu machen? Jein, es gibt sicher solche Versuche, bei denen historische Vorbilder so kopiert werden, als sei die Zeit stehen geblieben. Das kann

Fachwerkbauweise: Eine Reminiszenz an das norddeutsche Hallenhaus

Für Liebhaber der Moderne: Regionales Bauen ist ein Kann, kein Muss.

Haus im Salzkammergut: Hier kann man nur von Sommerfrische sprechen.

freilich nicht das Ziel sein. Ernst zu nehmen ist hingegen der so genannte „kritische Regionalismus", der historische Vorbilder oder einzelne Elemente aufgreift, sie jedoch auf dem Stand der Technik neu interpretiert. Dieser kritische Regionalismus findet auch auf politischer Ebene statt. Seit die europäische Einigung wirklich vorankommt, kommunizieren beispielsweise Länder und Regionen über Staatsgrenzen hinweg, um gemeinsam und vor allem ohne zentralistische Steuerung aus Brüssel Probleme zu lösen.

Die Diskussion um regionales Bauen ist noch nicht besonders alt. Denn bis ins 19. Jahrhundert gab es nichts anderes. Das änderte sich erst,

Kann Regionalismus die Zersplitterung der Baulandschaft mildern?

Einheitlichkeit des Erscheinungsbildes scheint kein Ziel der Bautätigkeit in Neubaugebieten zu sein. Es geht stilistisch so ziemlich kreuz und quer, nach dem Motto: Erlaubt ist was gefällt. Das ist um so verwunderlicher, als die Klagen über die Gängelung durch die Bebauungspläne respektive die Baubehörden nicht abreißen wollen. Foto: Bernhard Müller

als die Eisenbahn und der Telegraf das Transport- und Nachrichtenwesen revolutionierten. Baustoffe und Bautechnologie gingen stärker auf Reisen als zuvor. Das wurde durchaus auch als Befreiung empfunden. Nach dem Ersten Weltkrieg wurde eine neue Architektur kreiert, die sich bewusst von Traditionen löste und die sich bewusst international gab: Es war die Epoche, die heute als „klassische Moderne" bezeichnet wird. Klare Formen und glatte Oberflächen sollten das Mechanisch-Maschinelle des Zeitalters widerspiegeln, dem Ornament wurde der Kampf angesagt. Die betont internationale Ausrichtung der Moderne war Ausdruck des Glaubens, man habe regionale, als Hemmnisse empfundene Eigenarten endgültig überwunden. Nach 1945 ist diese Richtung in Verruf geraten, weil sich auch noch der unsäglichste Betonklotz auf den „International Style" berief. Die Folge waren seelenlose Städte und Wohnquartiere. Insofern kam die so genannte Postmoderne hier einem Bedürfnis nach Geborgenheit entgegen, das zu allen Zeiten bedeutend ist. Giebel, Erker & Co. feierten fröhliche Urständ, der Traditionalismus kam im Gewand des poppigen Zitats daher.

Doch auch davon hat man irgendwann genug. Heutzutage bewegt sich der Hausbau im Bermuda-Dreieck von Baukosten, Baulandpreisen und Gestaltung. Da bleibt wenig Spielraum für historisch-stilkundliche Überlegungen. Aber wenig ist besser als nichts. Wie unsere folgenden Beispiele zeigen, gibt es die unterschiedlichsten Möglichkeiten, mit dem Thema regionales Bauen umzugehen.

Nicht vergessen werden sollte die ökologische Komponente. Besinnung auf die Region kann auch heißen: Weite Transportwege vermeiden und regenerative Energiequellen vor Ort anzapfen. Sollte sich dieser Gedanke durchsetzen, bedeutete dies eine spürbare Entlastung der Umwelt. Insofern wäre es grotesk, Regionalismus mit Heimattümelei zu verwechseln.

Ein variables Hauskonzept für acht Regionen

Wie immer beim ökologisch orientierten Fertighaushersteller Baufritz ist das Ziel kein geringes: „Dem tristen architektonischen Einheitsbrei, der von Berchtesgaden bis Flensburg die Stadtrandsiedlungen und Neubaugebiete prägt, Einhalt gebieten und sich in positiver und dabei zeitgemäßer Art und Weise mit regionalspezifischen Bautraditionen auseinandersetzen." Um diesem Anspruch gerecht zu werden, hat das Allgäuer Unternehmen für sein Liefergebiet ein Hauskonzept erarbeitet, und zwar für folgende Regionen:

- Allgäu
- Oberbayern
- Niederbayern
- Oberfranken
- bayerisches Schwaben
- Schwarzwald
- Mosel
- Hessen.

Dieses Hauskonzept soll denjenigen Bauherren Lösungen bieten, die sich mit regionaltypischen Vorgaben seitens der Behörden konfrontiert sehen. Für die Entwicklung dieses Konzepts wurden Kriterien untersucht wie Baukörper, Materialien, Dachform und Dachneigung, Geschossigkeit, Fassade, Türen und Fenster, Verschattungen, Balkonformen etc. Ergebnis dieser Studien ist eine rechteckige Grundform mit den Außenmaßen 8,69 x 10,56 Metern, die der Bauherr je nach Gebiet mit regionaltypischen Elementen anreichern kann.

Wen dieses Konzept anspricht, kann einen Prospekt direkt bei **Baufritz** anfordern: **Fon (08336) 900-0; www.baufritz.com**

Fotos: Finnla-Haus

Entwurf:

Finnla-Haus, Etzwiesenstr. 1-5, 72108 Rottenburg, Fon (0 74 57) 93 82-0, Fax 93 82-20.

Preise:

Vollmontage mit Extras laut Beschreibung ca. 220 000 €, Ausbauhaus ca 197 000 €.

Wohnfläche:

EG 100,5 m², DG 86 m².

Bauweise:

Außenwände 230 mm Rundbohlen aus nordischer Kiefer; Innenwände Tragkonstruktion aus Rundbohlen 230 mm, Holzständerkonstruktion für Leichtbauweise 125 mm, beplankt mit Holzpaneele oder Gipskartonplatten; Ausbau Holzrahmenfenster 1,1 W/m²K, Türen und Treppen aus Kiefer.

Dach:

Satteldach 36°, Vollsparrendämmung aus Zellulosefaser und Holzfaserdämmplatten, Eindeckung Tondachziegel.

Technik:

komplett bauseits.

Das Erscheinungsbild dieses urwüchsigen Blockhauses wird geprägt von den mächtigen 230 Millimeter dicken Blockbohlen. Die Dachgaube lockert das Satteldach auf.

Auch der Innenausbau steht ganz im Zeichen des Baustoffes Holz. Passend zum Blockhaus-Ambiente ist hier ein Specksteinofen eingebaut, der gesunde Strahlungswärme an den Raum abgibt.

Urwüchsig

Der Inbegriff nordischen Bauens ist immer noch das Blockhaus. Und wenn schon, mag sich so mancher denken, dann muss es ein einschalig gebautes Haus sein mit mächtigen Rundbohlen, auch wenn heutzutage vermehrt zweischalige Bauweisen zum Einsatz kommen. Die Blockbauweise spricht auch baubiologisch motivierte Bauherren an, die gesteigerten Wert auf die Verwendung natürlicher Baustoffe legen. Wie man sieht, kommt der Baustoff Holz auch im Innern zum Zug. Böden, Decke, Treppen, Fensterrahmen und auch die Küchenfronten sind konsequent aus einem Material. Dabei hat ein modernes Blockhaus nichts mit einer einfachen Wald- und Holzfällerhütte zu tun. Vielmehr handelt es sich um äußerst komfortable Gebäude mit einer ganz eigenen Stimmung.

Fotos: Günther Franc Kobiela

Unverkrampft und zeitgemäß

Dieses Haus ist ein hervorragendes Beispiel dafür, dass regionales Bauen ein Kann ist und kein Muss. Auf den ersten Blick nimmt es bayerische Traditionen wie flache Dachneigung und kombinierte Fassade auf, doch bei näherem Hinschauen machen sich doch Unterschiede bemerkbar. Und: Im Vordergrund standen bei der Planung und Ausführung eindeutig funktionale und topografische Fragen.

Ein klassisches Jein wäre die Antwort auf die Frage, ob es sich hier um ein Doppelhaus handelt. Der Verdacht, wenn man so will, liegt nahe: Zwei pultbedachte Baukörper, verbunden durch einen Eingangsbereich. Der Verdacht ist auch begründet: Im Moment ist es kein Doppelhaus, aber es könnte einmal eins werden, weil die Planung von vornherein so angelegt war, wie Architekt Hannes F. Dolzer erklärt. „Ziel war ein mehrfach nutzbares Haus, das eventuell in zwei Häuser teilbar wäre, und dadurch ist sozusagen ein Wohn- und ein Schlafhaus entstanden."

Ein einleuchtender Gedanke, bei dem auch die Topografie eine Rolle spielte. „Wir haben das Hanggefälle berücksichtigt und wollten dieser Lage gerecht werden", erklärt Dolzer. Ein Blick auf den Grundriss zeigt, dass deshalb die Ebenen in den beiden Gebäudehälften versetzt angeordnet wurden. Es gab noch einen weiteren Grund, die Wohnfläche auf zwei Baukörper zu verteilen. „Das unförmige Grundstück ließ nicht jede Hausform zu", sagt Dolzer, „so dass man auch mit den versetzten Häusern arbeiten musste, um die Abstandsflächen einhalten zu können."

Ja, wo bleibt denn nun die Region bei diesem Haus? Die flache Dachneigung und die Gestaltung der Fassade – unten weiß, oben holzverschalt – ist das nicht typisch bayerisch? Architekt Dolzer stimmt zu, dass die Optik an die baulichen Traditionen des Alpenvorlandes erinnert, aber: „Typisch war und ist, dass das untere Geschoss gemauert und verputzt ist mit einem Geschoss in Fachwerk- oder Holzskelettbauweise darauf."

Das Haus wurde so gebaut, dass es den Bedürfnissen der drei Kinder entgegenkommt: Unempfindliche Oberflächen, Gestaltungsfreiräume, Helligkeit und fließende Übergänge von innen nach außen und umgekehrt. Der Baustoff Holz spielt auch im Innenausbau eine wichtige Rolle.

Dieses Haus aber ist insgesamt als Holzrahmenkonstruktion ausgeführt. Und da Dolzer keine Putzfassade auf Holzkonstruktionen mag, besteht die Oberfläche hier aus Faserzementplatten mit ihrer spezifischen Maserung. Auch das Pultdach sei nicht typisch für die Region. Somit pflegt Dolzer einen freien, spielerischen Umgang mit der baulichen Tradition. „Das kann man durchaus sagen im Sinne einer zeitgemäßen Architektur", sagt er. „Man soll ruhig erken-

Mit den versetzten Baukörpern und Ebenen nehmen Bauherrschaft und Architekt Rücksicht auf das gegebene Hanggrundstück.

Dem großzügigen Wohn-/Essbereich vorgelagert ist eine üppige Terrasse. Damit soll den Bewohnern die Verbindung nach draußen erleichtert werden, ein wohnpsychologisches Moment, das Architekt Hannes Dolzer für sehr wichtig hält. Außerdem ist die Terrasse ein wirksamer Sonnenschutz für das Erdgeschoss.

nen, aus welcher Epoche das Haus stammt." Wichtig sei, neue Produkte und Materialien, die ständig entwickelt werden, aufzugreifen.

Architekt Dolzer will sichweder von der Bauweise noch vom Stil in eine Schublade stecken lassen, hält aber die kreative Auseinandersetzung mit der Bautradition für legitim: „Das Traditionelle ist schon wichtig, ich kann zum Beispiel nicht in eine gewachsene Dorfstruktur ein postmodernes Haus reinsetzen", meint er. Es komme eben darauf an, die richtige Antwort in der richtigen Sprache auf die jeweilige Aufgabenstellung zu bekommen. „Das traditionelle Bauen hat sicher seine Berechtigung", sagt er abschließend, „nur muss ich das nicht historisierend und verniedlichend handhaben."

Architekt:

Dipl.-Ing. Hannes F. Dolzer, Dorf Zellhub 48, 84307 Eggenfelden, Fon (0 87 21) 18 05, Fax (0 87 21) 82 19.

Baukosten:

Reine Baukosten 288 000 €, Nebenkosten inklusive Architektenhonorar 37 500 €, Außenanlage 12 500 €.

Wohnfläche:

UG 52 m², EG 111,5 m², OG 40,5 m².

Bauweise:

Außenwände Holzrahmenkonstruktion, gedämmt mit Mineralwolle (16 cm) und Flachs (6 cm), Fassade Holzverkleidung bzw. Faserzementplatten; Innenwände Holzrahmenbau mit Gipskartonplatten; Holzrahmenfenster mit Wärmeschutzglas 1,1 W/m²K, Stahltreppen mit Lauffläche aus Buche, Bodenbeläge Holz, Keramik, Kork; Teilkeller.

Dach:

Pultdächer 12°, Sparren-/Pfettenkonstruktion, gedämmt mit Mineralwolle (12 cm) und Flachs (6 cm), Tondachziegel.

Technik:

Öl-Brennwertheizung, Heizkörper, Warmwasser zentral, Solaranlage, Kamin.

Unten weiß verputzt, oben holzverschalt – das ist das klassische Erscheinungsbild eines bayerischen Hauses. Freilich täuscht der erste Eindruck hier ein wenig, denn die Erdgeschossfassade besteht aus Faserzementplatten.

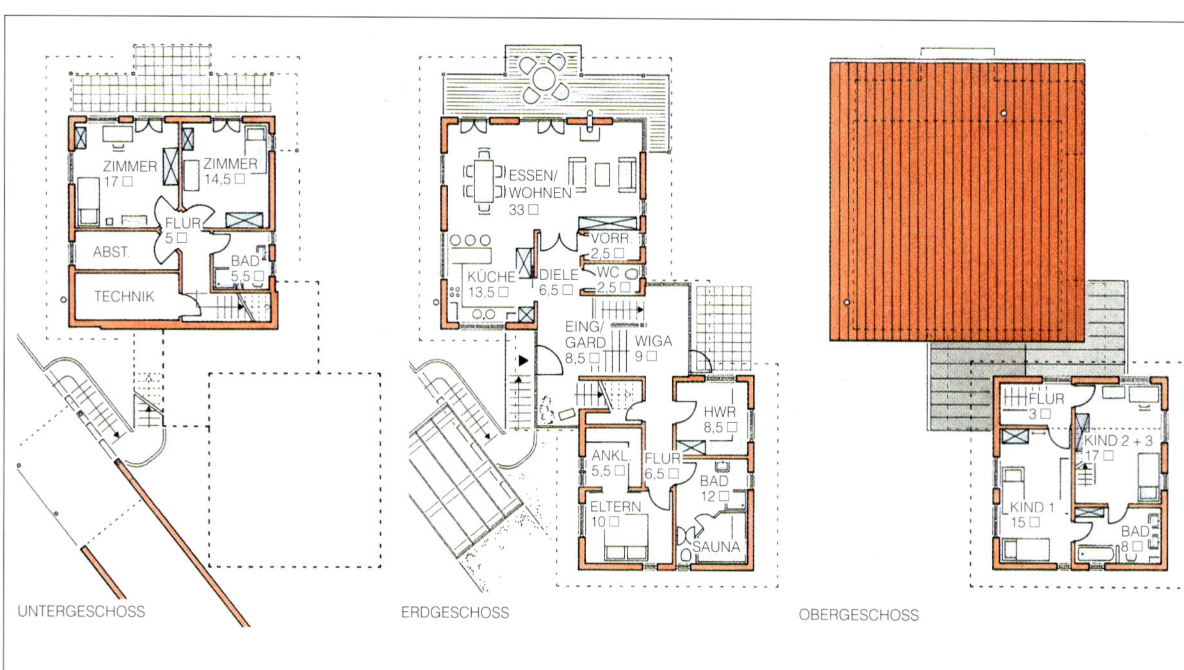

Fotos: Bien Zenkler

Überall zu Hause

Man muss nicht immer auf Teufel komm raus versuchen, an lokale oder regionale Bautraditionen anzuknüpfen. Denn das wirkt unter Umständen verkrampft. So kann es bisweilen durchaus wohltuend sein, wenn ein Hausentwurf landschaftsneutral daherkommt. Um einen solches Haus handelt es sich bei dem Entwurf „Romantik Estenfeld" aus der Premium-Klasse des Fertighaus-Herstellers Bien Zenker. Dieses Haus macht überall eine gute Figur, egal welche Himmelsrichtung.

Die weiße Fassade und das rote Satteldach ergeben einen reizvollen Kontrast. Die rechteckige Grundform (10,45 m x 9,20 m) wird nicht stur durchgezogen. Zwei Erker erzeugen gemütliche Ecken und vergrößern das Blickfeld nach außen. Aus dem großzügigen Wohn-/Essbereich ist ein Eck herausgeschnitten. Durch diesen Kunsgriff entsteht eine geschützte Terrasse.

Bauen mit Holz – das betrifft bei diesem Haus nicht nur den Ausbau mit Fenstern, Treppe und Balkon, sondern das ganze Haus, dem eine wärmegdämmte Holzrahmenbauweise zugrundeliegt.

Die Diele im Dachgeschoss, das dank eines Kniestockes von 40 Zentimetern vernünftig bewohnt werden kann, führt auf einen kleinen Balkon. Deshalb weist das Satteldach auf einer Seite einen Quergiebel auf. Die Sprossenfenster sind eine Reminiszenz an alte Bautraditionen.

Hersteller:
Bien-Haus AG, Postfach 1165, 36371 Schlüchtern, Fon (06661) 98-0, Fax (06661) 98-177.

Preise:
Schlüsselfertig ab OK 206 000 €, Ausbauhaus ca. 139 000 €, gemauerter Rohbau-Keller ab ca. 32 500 €.

Wohnfläche:
EG 87 m², DG 57 m².

Bauweise:
Holzrahmenbauweise mit 16 cm Mineralwolledämmung plus Wärmedämmverbundsystem mit Edelputz, Gesamtwandstärke 26,5 cm; Innenwände Holzleichtbauweise.

Dach:
Satteldach 38° mit 40 cm Kniestock, Pfettenkonstruktion, Mineralwolledämmung, Betondachsteine.

Technik:
Je nach Wunsch Gas- oder Öl-Zentralheizung, Heizkörper und/oder Fußboden, optional Solaranlage und Kamin oder Kaminofen.

Fotos: Friedhelm Thomas

Architekt:

Dipl.-Ing. Eckhardt Scholz, Münsterstr. 35, 48308 Senden, Fon (02597) 98656, Fax (02597) 98658

Baukosten:

Reine Baukosten 174 000 €, bewert. Eigenleistung 40 000 €, Nebenkosten inkl. Architektenhonorar 23 000 € (1995/96).

Wohnfläche:

EG 86,5 m², DG 55 m².

Bauweise:

Holzrahmenbauweise mit 25 cm Zellulose-Dämmung, Holzverkleidung, innen Gipskartonplatten; Innenwände Holzrahmen mit Kalksandsteinausmauerung; Holzbalkendecken, Bodenplatte.

Dach:

Satteldach 45°, Pfettenkonstr., Zellulosedämmung 24 cm, Tondachziegel.

Technik:

Gas-Brennwertheizung, Heizkörper, kontrollierte Lüftung mit Wärmerückgewinnung; Warmwasser zentral. Heizenergiebedarf: 44,3 kWh/m²a.

Scheune aus Prinzip

Die Zeiten sind leider so, dass viele Baugebiete den „Zeitgeist der Bauträger" wiedergeben, wie es Architekt Eckhard Scholz formuliert. Dem stellt Scholz dieses Haus entgegen, das münsterländische Traditionen aufgreift. „In der Vielzahl von Ausbauten, Dachüberständen und Prägetüren wirkt das einfache, graue Holzhaus zurückhaltend und schlicht", erklärt der Architekt. „Wegen der Holzbauweise und der scharfgeschnittenen Kubatur ist das Haus umstritten. Während der Bauzeit einigten sich die Baugebietstouristen und Nachbarn darauf, dass hier wohl ein ‚Pferdestall' gebaut werde. Für mich ist die Assoziation zu einem Pferdestall kein Schimpfwort, standen doch die radikal einfachen Lagerscheunen als Typus Pate für dieses Haus."

Ein hochwärmegedämmtes Niedrigenergiehaus mit münsterländischen Reminiszenzen. Architekt Eckhard Scholz: „Der einfache Kubus mit dem Satteldach, dessen Ruhe nur einen Aufbau in Form einer Ladeluke über dem Eingang zulässt, der seitliche Remisenanbau mit Pultdach zur Giebelwand und das scheunentorgroße Fenster des Wohnraumes sind neu interpretierte ländliche Bautypolgien."

Fotos: Haacke-Haus

Moderne Traditionspflege

Nicht nur mit seinem reetgedeckten Krüppelwalmdach mit Heidefirst deutet dieses Haus an, dass es im Norden Deutschlands beheimatet ist. Der Bezug zur Landschaft, genauer zur Wesermarsch, kommt auch durch das weiße Fachwerk, kombiniert mit roten Klinkern zum Ausdruck. Die blauen Sprossenfenster setzen einen zusätzlichen Akzent.

Der Entwurf des Fertighaus-Herstellers Haacke nimmt auf vielfältige Weise traditionelle Elemente auf. Er lehnt sich an das klassische Vierständerhaus an. Der Hauseingang mit Zierbalken ist dem niedersächsischen Hallenhaus entlehnt. Der rund 55 Quadrameter große Wohn-/Essbereich wird durch einen Kamin strukturiert, der wie die Feuerstätten in alten Zeiten in der Mitte platziert ist.

Bei allen Anklängen an traditionelles norddeutsches Bauen ist dieses Reetdachhaus gleichwohl als modernes Gebäude erkennbar. Denn in punkto Materialwahl, Energiebilanz und Komfort wird bei aller Liebe zur Landschaft niemand Kompromisse eingehen wollen. Es ist aber gerade diese Mischung aus Alt und Neu, die den Reiz dieses in Holzrahmenbauweise konstruierten Hauses von Haacke ausmacht.

Entwurf:

Nr 120/1.0 von Haacke-Haus Celle/Potsdam, Fon 01803-42 22 53, Fax (05141) 80 51 69, e-mail: beratung@haacke-haus.de; www.haacke-haus.de

Baukosten:

„Bezugsfertig" (=ohne Malerarbeiten und ohne Teppichböden) ca. 276 000 €; Ausbauhaus ca. 184 000 €.

Wohnfläche:

EG 97,5 m², DG 61 m².

Bauweise:

Holztafelbauweise mit Holzfachwerk und Mineralwolledämmung, Fassade hartgebrannter Klinker

Dach:

Krüppelwalmdach 45°, Kniestock 90 cm, Mineralwolledämmung, Reeteindeckung.

Technik:

Öl- oder Gasbrennwertheizung, Heizkörper und/oder Fußboden; im Grundpreis ebenfalls enthalten Solaranlage und kontrollierte Lüftung; Regenwassernutzung und Netzfreischaltung sind vorbereitet.

Individualität statt Alltagsarchitektur

Nachdem Baufamilie Schopp zuvor in einem traditionellen Schweizer Chalet gewohnt hatte, wollte sie dieses Mal ein modernes, kubistisches Haus. Um diesem Anspruch auch im Dachbereich gerecht zu werden, mußte Architekt Ralph Müller der Bauvorschrift „Satteldach“ die Spitze, sprich den First, nehmen. Die auskragenden Stahlstützen, die Mauerscheibe vor dem Eingang sowie die glasreiche Südfassade betonen den modernen Charakter dieses Hauses.

Links ein Flachdachbau aus den siebziger Jahren, rechts ein gediegenes Haus mit Schieferdach und Gauben – ganz normaler Architekturalltag. Aus dem Rahmen fällt das futuristische Gebäude dazwischen. Die Nordfassade – eine geschlossene, sanft geschwungene Wand aus Betonmodulsteinen. Davor eine verputzte Mauerscheibe, sie ist dem verglasten Hauseingang vorgeschaltet, betont den Hauptzugang zum Gebäude, schützt zugleich vor neugierigen Blicken. Das Dach – eine Mischung aus Sattel- und Flachdach, Kompromiß zwischen dem Wunsch des Bauherrn nach einem kubistischen Haus und der Bauvorschrift „Satteldach". Markantes Stilmittel sind die abstehenden Stahlstützen, die Architekt Ralph Müller mit dem Ziel einsetzte, „vom Satteldach wegzukommen hin zu einer lockeren, fliegenden Optik".

Locker, schwebend auch die Stahlbrücke zum Eingang. Sie findet ihre Fortsetzung im Steg, der sich quer durchs Haus zieht bis hinaus zum Swimming-Pool. Tritt man über die

Filigrane Treppen und der luftige Steg unterstützen das großzügige Raumgefühl der Wohnhalle. Hinter der rechten Hälfte des Dielenschranks im EG verbirgt sich der Zugang zu einem Abstellraum.

„Das Erlebnis Treppe soll die Zeit, die man zum Überwinden der Höhe braucht, kurzweilig machen“

Das kleine Bassin unter der Treppe bringt das Element Wasser ins Haus (ganz links). Auf der Westseite des Gebäudes wurde die Außenwand zurückversetzt, um eine geschützte Terrasse zu schaffen. Im angrenzenden Bassin taucht das Element Wasser wieder auf.

Hausschwelle, revidiert sich der verschlossene Eindruck der Straßenfassade und weicht dem offenen Raumerlebnis. Vielfältige Blickbeziehungen bieten sich, nach oben und unten und in den Garten.

Die Wohnhalle erstreckt sich über zwei Geschosse, unterteilt in Zonen für Arbeiten, gemütliches Sitzen, Musik Hören, Essen, Kochen. Bauherrin Angelika Schopp möchte das großzügige Raumgefühl nicht missen, auch wenn sie zugibt, „daß sich der Schall überall hin überträgt. Man kann nicht unten Musik hören und oben fernsehen". Aber es bleiben ja noch die Individualräume, in die sich die Familienmitglieder zurückziehen können.

Im Mittelpunkt der Wohnhalle steht ein Ficus-Baum, der in einen großen Stahlkübel in den Boden eingelassen ist. Er füllt den Luftraum, schafft einen wohnlichen Gegenpol zur kühl wirkenden Stahlarchitektur. Außerdem kommt ihm symbolische Bedeutung zu. Er steht für das Element „Erde". Architekt Müller erklärt: „Ich wollte Gestaltungselemente reinbringen, die mehr als nur ein Raumbedürf-

„Wir wollten einen fliegenden Deckel auf dem Haus – uns wegbewegen vom normalen Satteldach"

nis erfüllen, eine Atmosphäre schaffen, die mit den Grundelementen Wasser, Luft, Erde und Feuer zu tun haben." Wasser findet sich im kleinen Teich unter der Treppe im Untergeschoß. Und der Heizkamin macht das Element Feuer erlebbar.

Den hat Bauherr Rudolf Schopp selbst gebaut – wie so vieles in diesem Haus. Vor allem die Stahlarbeiten waren sein Werk. Treppen, Stege, Stahlträger und das Herdobjekt hat er eigenhändig und mit Hilfe versierter Kollegen geschweißt. „Mein Mann kommt nicht aus der Branche, aber er hat sich das Schweißen in Kursen angeeignet, hat es mit dem Hausbau gelernt," erzählt Angelika Schopp stolz. Allerdings ging dafür so manches Wochenende drauf, und es dauerte zweieinhalb Jahre, bis die Schopps einziehen konnten. Insgesamt konnten sie durch die Eigenleistungen stolze 100000 Euro Baukosten einsparen. Nur so war das große Haus für die Baufamilie überhaupt bezahlbar.

Aus Finanzierungsgründen wurden zudem zwei Einliegerwohnungen integriert. Dabei war es den Schopps wichtig, separate Wohneinheiten mit jeweils eigenem Eingang zu bekommen. Architekt Müller löste diese Aufgabe, indem er die Wohnungen ineinander verschachtelte. Eine erstreckt sich über Unter- und Erdgeschoß, die zweite über Erd- und Obergeschoß. Der Höhenversatz von 1,3 Metern zwischen Straßen- und Gartenniveau ermöglichte diese Lösung, dadurch wird das Unter- zum vollwertigen Gartengeschoß. „Die Einliegerwohnungen sollten Hauscharakter haben mit möglichst viel Lockerheit und Offenheit auf

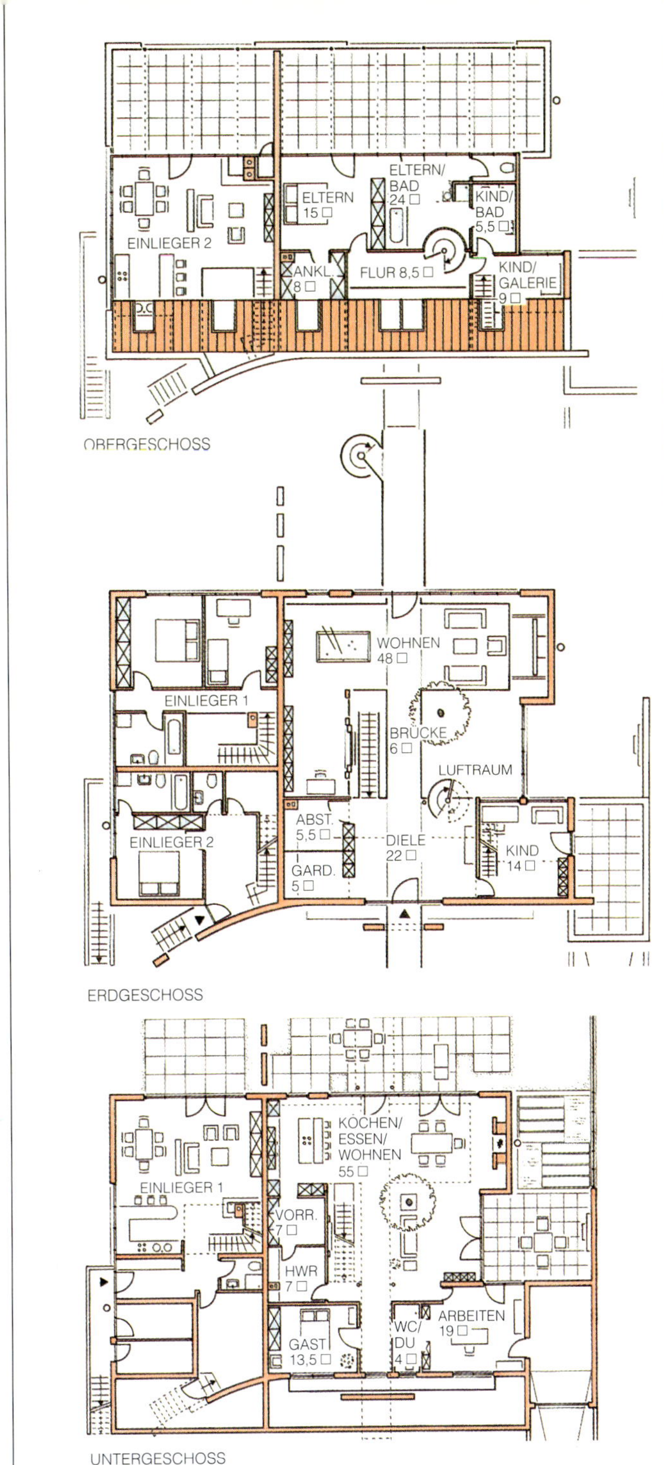

DATEN & FAKTEN

Architekten: Dipl.-Ing Ralph Müller, Mitarbeiter: Peter Keller, Theodor-Reh-Str. 71, 64289 Darmstadt, Tel. (06151) 784006, Fax (06151) 710606.
Baukosten: Reine Baukosten 425000 € (davon 60% eigene Hälfte), bew. Eigenleistung 100000 €, Nebenkosten inkl. Architektenhon. 50000 €, Außenanlage ca. 30000 €.
Baujahr: 1991-1993.
Außenmaße: 20,11 x 12,49 m.
Wohnflächen: Hauptwohnung: EG 115 m², OG 99 m², DG 72 m², Einliegerwohnungen: 1) 129 m², 2) 95 m².
Bauweise: Außenwand 24 + 30 cm por. Hochlochziegel mit Wärmedämmverbundsystem (10 cm Polystyrol), Putz bzw. Sichtmauerwerk aus 11 cm Modul-Betonstein; Innenwände 11,5 + 24 cm Hochlochziegel; Alufenster, k-Wert der Verglasung 1,3 W/m²K; Stahltreppe, Lauffläche Stahl; Bodenbeläge Holz, Keramik, Textil.
Dach: Flachdach und gekapptes Satteldach, 38° geneigt; 16 cm Mineralwolledämmung; Eindeckung Betondachsteine.
Haustechnik: Öl-Niedertemperaturheizung, Wärmeübertragung über Fußboden; Heizkamin; Regenwassernutzung.

komprimiertem Raum," erläutert Müller. Deshalb legte er sie zweigeschossig an, mit Luftraum und Südterrassen.

Die untere Wohnung betritt man giebelseitig auf Gartenniveau. Der Eingang der oberen Wohnung liegt zur Straße hin. Damit der nicht zur Konkurrenz für den Haupteingang wird, ließ Müller die Modulsteinwand leicht abschwingen und versteckte dahinter den Zugang. So verfügt jede Hauspartei über ihr abgeschlossenes Refugium und Angelika Schopp lobt: „Wir haben unheimliches Glück mit unseren Mitbewohnern. Vielleicht dadurch, daß Leute, die sich für so ein modernes Haus interessieren, auf der gleichen Wellenlänge liegen."

Kunstwert und Kunstwerke

Fotos: Bernhard Müller

„Bauherren mögen Form und Kunstwert ihres Hauses schätzen", schrieb einst der Architekturkritiker Julius Posener. „Was sie haben wollen, ist dennoch nicht ein Kunstwerk. Es ist ein Haus." Sollte also die Form der Funktion folgen, wie es so oft und so platt heißt, um ästhetische Peinlichkeiten zu entschuldigen? Oder sollte es umgekehrt sein? Wir stellen Ihnen ein Haus vor, das es schafft, beide zu ihrem Recht kommen zu lassen. Ein Haus mit Kunstwert und Kunstwerken.

Wer sich intensiv mit bildender Kunst beschäftigt oder gar Bilder sammelt, wird nicht gerade ein biederes Häusle bauen wollen, sondern ein Haus, das das eigene Kunstinteresse kongenial zum Ausdruck bringt. „Ja, das muss harmonieren", bestätigt Wolfgang K. *(Name von der Redaktion geändert)*, der Bauherr dieses Hauses, „das muss wie aus einem Guss sein, das darf sich nicht beißen."

Logisch, dass in diesem Fall der Wille zur Gestaltung, zur Form auch außen erkennbar sein soll. Dass es sich bei dem Haus der Familie K. im schwäbischen Rottenburg um etwas Besonderes handelt, wird jedem sofort klar, der sich dem Haus nähert. Mit seiner Kubatur, Material- und Farbwahl unterscheidet es sich deutlich von den Eigenheimen ringsum. Markante Erkennungszeichen von der Straßenseite sind eine massive, dreieckige, gelbe Scheibe, die das Haus nach Osten abschließt und rotbraun ▶

Transparenz wird großgeschrieben: Die komplett verglaste Südfront öffnet das Gebäude zur Sonne hin. So können die Bewohner die herrliche Aussicht genießen. Auch innerhalb des Hauses ergeben sich – vor allem auf der Längsachse – schöne Durchblicke. Insgesamt wurde sehr viel Holz verbaut, sowohl im Konstruktiven als auch bei der Innenausstattung: Die Küche ist aus Kirsche, der Bürotisch aus einheimischer Zwetschge, das Parkett aus Robinie. Die Wintergartenkonstruktion besteht innen aus Holz, außen aus pulvereloxiertem Aluminium. Der imposante Kachelofen ist skulpturales Element und Übergangsheizung zugleich.

Raum und Licht, Kunst und Architektur
ergänzen sich zu einem spannenden Ganzen

eingefärbte Glasplatten, die die um 25° geneigte Nordfassade bekleiden.

So ein Haus kann nur entstehen, wenn Bauleute und Architekt auf einer Wellenlänge liegen. Die Eheleute K. fanden den idealen Partner in Burkhard M. Sambeth aus Tübingen. Wolfgang K. ist voll des Lobes: „Es lief ganz hervorragend, Sambeth ist ein sehr sensibler, geradezu künstlerischer Architekt, der sein Handwerk wirklich versteht. Er hat unsere Vorstellungen sehr gut aufgenommen."

„Wir wollten Raum und Licht, Großzügigkeit, Weite, Offenheit", schildert Elisabeth K. die Vorgaben. Auf die Frage, ob sie ihr Haus um die Bilder gebaut hätten, schmunzeln beide. Ganz so extrem war's denn doch nicht. Das Haus bietet viel Fläche für die Bilder, „aber die Flächen sind aus dem Entwurf entstanden", sagt Architekt Sambeth. „Ein Bild sollte kein Altar sein, sondern wie selbstverständlich im Raum hängen."

Die Kunst spielt also eine bedeutende Rolle im und am Haus, aber sie erdrückt es nicht. Die planerischen Überlegungen spielten sich durchaus auch auf einer ganz pragmatischen Ebene ab. „Wir haben vier Kinder und sieben Enkel, die brauchen Platz, wenn sie zu Besuch kommen", erzählt die Bauherrin. Auch eine große Wohnküche stand deshalb auf der Wunschliste der Bauherrschaft.

Die Hanglage begünstigte klare Grundriss-Strukturen und Zuordnungen. Im mittleren Stockwerk befinden sich ebenjene Küche und der großzügige Wohn- und Essbereich, der in Form des Wintergartens nach Süden fortgeführt wird. Als selbständige und viel be- ▶

Bei aller Betonung der Form kommt das Funktionale keineswegs zu kurz

Die Glasplatten wurden farbig gestrichen, dann auf eine mit Gipspulver bestreute Stahlplatte gelegt und 800 Grad Celsius erhitzt. Nach ein paar Minuten nahm das Glas Struktur an und gleichzeitig war das Farbpulver eingeschmolzen.

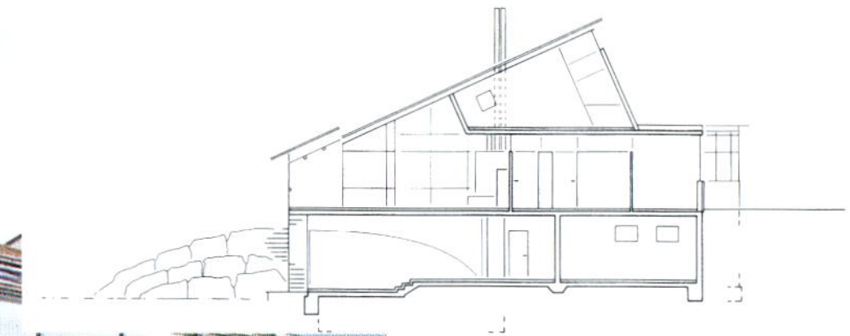

schäftigte Unternehmer wollten die Bauleute ein schönes Umfeld haben, und so wurde das Arbeitszimmer gleich neben den Wohnraum platziert.

Die obere Etage beherbergt das „Hotel Mama“: Vier Gästezimmer und zwei Bäder stehen für den Ansturm von Kindern und Kindeskindern bereit. Unten haben sich Herr und Frau K. ihr eigenes Reich eingerichtet. Der separierte Schlaftrakt bietet Rückzugsmöglichkeit und ist nur ein paar Schritte vom Swimming-Pool entfernt, von dem aus sich eine herrliche Aussicht in den Garten bietet. So können die Eheleute den Tag gleichsam in der Natur mit ein paar Schwimmzügen beginnen.

Entstanden ist hier ein ungewöhnliches Haus, das eine spannende Balance hält zwischen Kunst, Architektur und Natur. Kleine Ironie der Geschichte: Keines der Häuser in der Straße hat sich so pingelig an den Bebauungsplan gehalten wie dieses!

Architekt:

Dipl.-Ing. Burkhard M. Sambeth Freier Architekt, Jesinger Hauptstr. 102, 72070 Tübingen-Unterjesingen, Fon (07073) 4245, Fax (07073) 4248.

Baukosten:

Keine Angaben.

Baujahr:

1993-95.

Außenmaße:

8,65 m x 19,24 m.

Wohnflächen:

UG 117 m², EG 191 m², DG 96 m².

Bauweise:

Mischbauweise mit porosiertem Ziegel und Holzkonstruktion mit Zellulosedämmung 18 cm, Holz-Alu-Fenster mit Wärmschutzglas 1,1 W/m²K.

Haustechnik:

Gas-Brennwertheizung, Wärmeübrtragung über Fußleisten und Fußboden; Kachelofen.

Glaskunst:

Udo Zembok, Turckheim/Elsaß, Fon (0033/8927) 57 55.

Kachelofen:

Lies und Heinz Ebinger, Keramische Werkstätten, Bad Ems, Fon (02603) 2196; Ulrich Sigloch, Ofenbau, Ammerbuch-Pfäffingen, Fon (07073) 3594.

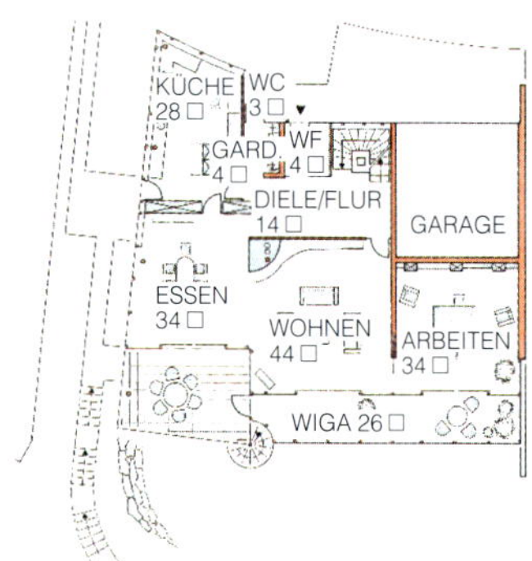

ERDGESCHOSS

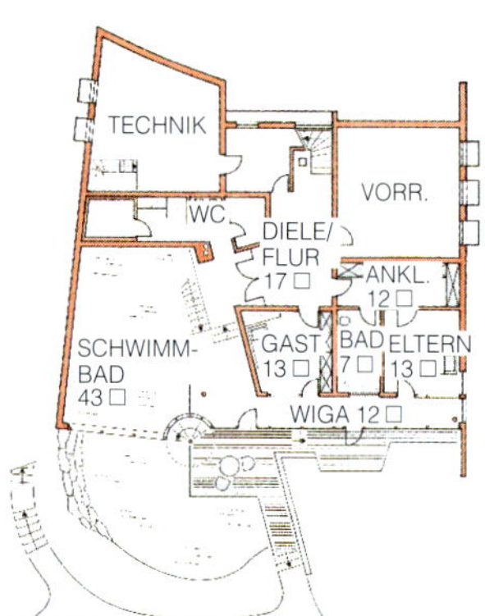

OBERGESCHOSS

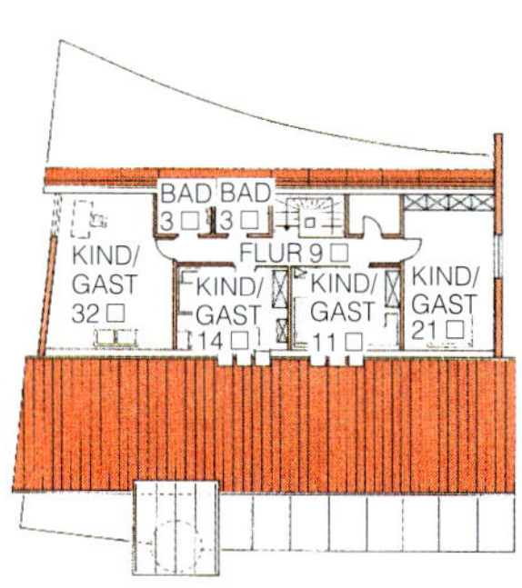

DACHGESCHOSS

Die großen Glasflächen holen die Natur gleichsam ins Haus. Als besonderes Detail liegen Swimming Pool im Innern und der Teich auf einer Ebene. Die stimmige Gesamtgestaltung wird deutlich an den bemalten Glasplatten am Pool, die schon von der Fassade und vom Treppenhaus her bekannt sind.

Fotos: Friedhelm Thomas

Zwei in einem Haus

Am Anfang stand für Architekt Christian Kieselhorst der Gedanke, zusammen mit einem Freund ein Doppelhaus zu bauen. Dank profunder handwerklicher Kenntnisse (Kieselhorst ist außerdem Maurer, der Freund Elektroingenieur) konnten die Beiden sehr viele Arbeiten in Eigenregie durchführen.

Material & Konstruktion: Um einen hohen Anteil an Eigenleistung erbringen zu können, gestaltete der Architekt Entwurf und Konstruktion des Hauses so einfach wie möglich. Da es sich um ein Doppelhaus handelt, legte er außerdem großen Wert auf einen guten Schallschutz. Die Haustrennwände sind zweischalig ausgeführt. Außerdem wurde die Decke zum Spitzboden zum Teil mit Terrassenplatten aus Beton ausgelegt. Fünf Tonnen davon mussten die Bauherren nach oben schleppen.

Grundriss: Wie häufig bei Doppelhäusern sind die beiden Hälften schmal und langgestreckt. Um keine bedrängende Enge entstehen zu lassen, sondern den Eindruck von Großzügigkeit zu erzeugen, wurde auf trennende Wände im Erdgeschoss weitgehend verzichtet. Küche, Ess- und Wohnbereich bilden gemeinsam einen großen Raum. Nach oben öffnen sich Treppe und Essbereich bis unters Dach. Im Obergeschoss befinden sich die Individualräume und im Spitzboden ein variabel nutzbares Zimmer. Damit es nicht nur aus Dachschräge besteht, wurde die Haustrennwand im Spitzboden um 90 Grad gedreht, so dass sie hier nicht von Giebel zu Giebel, sondern von Traufe zu Traufe verläuft. Dadurch befindet sich ein Teil der Fläche über Räumen des Nachbarn (verbesserter Schallschutz mit Terrassenplatten).

Nutzung: Ursprünglich wurde das Doppelhaus für

zwei Junggesellen konzipiert, Reserven für Familienzuwachs wurden jedoch von vorne herein mit eingeplant. Das Raumprogramm ist so flexibel gestaltet, dass man sowohl allein, mit Partner als auch mit ein bis zwei Kindern Platz findet. Das Dachgeschoss beherbergt neben einem großen Schlafzimmer ein weiteres, nutzbar als Kinder-, Gästezimmer oder auch Büro. Und der Spitzboden bietet einen vollwertigen Raum mit über 20 Quadratmetern.

Architekten:

Architekturbüro Kieselhorst & Meister, Friesenstr. 4, 26316 Varel, Fon (04451) 9126-0, Fax (04451) 9126-91.

Baukosten:

Reine Baukosten 83000 €, bewertete Eigenleistung 65000 €, Nebenkosten 18000 € pro Haushälfte.

Außenmaße:

15,06 x 12,56 m.

Wohnfläche:

EG 69 m², OG 47 m², DG 19 m² pro Hälfte.

Bauweise:

Außenwände: Innenschale 17,5 cm Porenbeton, 4 cm Mineralwolledämmung, Außenschale 11,5 cm Klinker; Innenwände 11,5 cm Kalksandstein; Holzrahmen-Fenster, k-Wert der Verglasung 1,0 W/m²K; Stahltreppen, Lauffläche Holz; Bodenbeläge Holz, Keramik, Textil; kein Keller.

Dach:

Satteldach, 35° geneigt, Warmdach mit 16 cm Mineralwolledämmung, Betondachsteine.

Technik:

Gas-Niedertemperatur-Heizung, Wärmeübertragung: Heizkörper und Fußboden.

Um trotz der schmalen Haushälften kein Gefühl von Platzmangel aufkommen zu lassen, fasste der Architekt Wohn-, Essbereich und Küche zu einem Raum zusammen. Auch die Treppe schließt sich offen an und sorgt für Kopffreiheit.

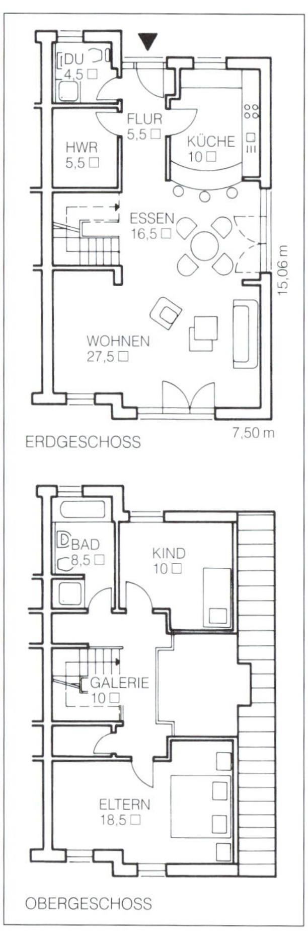

„Der Kreuz-Bube entschied, wer welche Haushälfte bekam"

Fotos: Friedhelm Thomas

Farbtupfer setzen Akzente

Klare, geometrische Formen standen für Architekt Daniel Jungermann bei der Gestaltung dieses Gebäudes im Vordergrund. Auf der Straßenseite durchbrechen farbige Elemente die strenge Linie und machen das Haus im Wohnviertel bekannt „wie einen bunten Hund".

Grundstücks-Situation
Das 650 Quadratmeter große Grundstück liegt am Ende einer privaten Erschließungsstraße in einem neuen Wohngebiet. Alle Häuser in der unmittelbaren Nachbarschaft sind freistehende Einfamilienhäuser, die von den Stadtwerken mit Nahwärme versorgt werden.

Baurechtliche Bedingungen
Außer den Baugrenzen, die einzuhalten waren, gelten in diesem Baugebiet einige besondere Vorschriften. Zum einen müssen alle Häuser Niedrigenergiehausstandard erfüllen. Zum anderen will die Gemeinde trotz Einfamilienhaus-Bebauung eine gewisse Verdichtung erreichen und verlangt deshalb, dass in jedes Haus eine Einliegerwohnung integriert wird.

Entwurfskonzept
Die Zielsetzung war ein klarer, geometrischer Baukörper, der durch seine Proportionen und die sinnvolle Anordnung der Öffnungen wirkt. Passend dazu das schlichte Satteldach – ohne Gauben oder Dachüberstände. Durch die Gliederung der Fassade und die Wahl unterschiedlicher Materialien und Farben sollte ein modernes, zeitloses Haus entstehen. Als Grundfarbe für die Fassade wurde ein heiteres, helles

„Rot ist die Leitfarbe, sie führt Besucher auf das Haus zu"

Die blaue Mauer markiert den Zugang zum Haus und beherbergt zudem Sprechanlage und Briefkasten. (links) In Verlängerung der roten Fassade des Küchenanbaus wurde in der Diele eine Wand im gleichen Farbton gestrichen. (oben Mitte) Durch das ausgeschnittene Hauseck befindet sich der Eingang im geschützten Bereich und macht eine Überdachung überflüssig. (oben rechts)

Eine Mauer schließt die Lücke zwischen Garage und Haus, so dass eine geschützte Terrasse entstand. Der Edelstahl-Schornstein teilt die Giebelfassade in zwei spiegelbildliche Hälften. (links)

Graublau gewählt. Die Küche schiebt sich als dreieckiger Anbau aus der Giebelseite heraus und bietet dadurch einen guten Überblick über den Zugangsbereich des Grundstücks. Die Verkleidung mit roten Kunststoff-Platten setzt zusammen mit der blauen Mauer farbliche Akzente und findet ihre Fortsetzung im Innenbereich: Eine Wand der Diele, wurde im gleichen Farbton gestrichen.

Architekt:

Dipl.-Ing. Daniel Jungermann, Kleinkollenburgstr. 58, 47877 Willich, Fon (02156) 919050, Fax (02156) 919049.

Baukosten:

Reine Baukosten 243000 €, bewertete Eigenleistung rund 10000 €, Nebenkosten inkl. Architektenhonorar 28500 €.

Außenmaße:

10 x 12 m.

Wohnfläche:

UG 48 m², EG 83 m², OG 75 m².

Bauweise:

Außenwände 24 cm Kalksandstein (KS), Wärmedämm-Verbundsystem mit 14 cm Hartschaumdämmung, Putz bzw. Kunststoffplatten; Innenwände 11,5 + 17 + 24 cm KS bzw. Porenbeton; Kunststoffrahmen-Fenster, k-Wert (Verglasung) 1,1 W/m²K; Bodenbeläge Holz, Keramik; Vollkeller.

Dach:

Satteldach, 35° geneigt, 20 cm Mineralwolle-Dämmung, Eindeckung: Betondachsteine.

Technik:

Nahwärme, Wärmeübertragung: Heizkörper, Fußboden; Kamin.

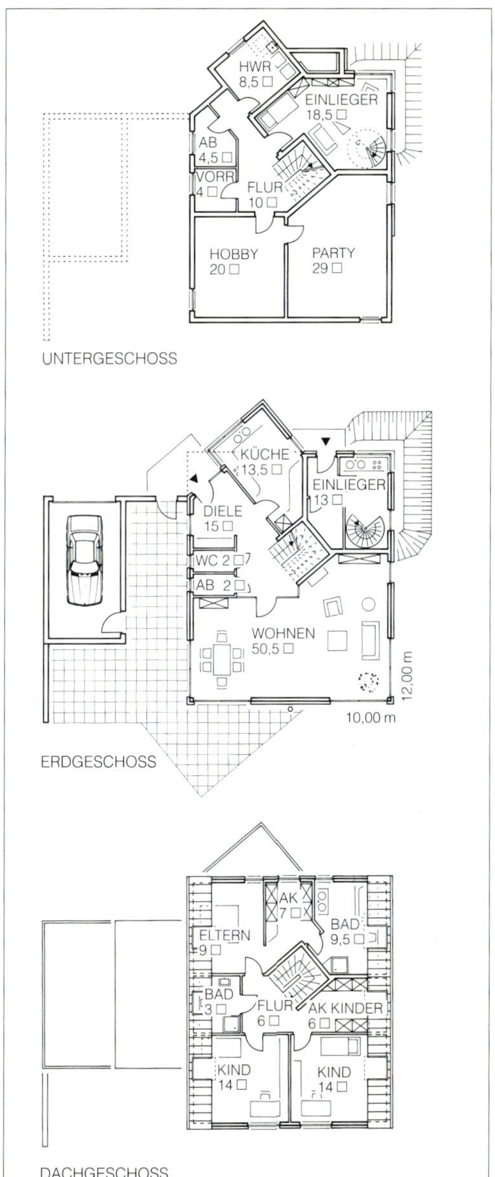

Glasflächen lösen Raumbegrenzungen auf und schaffen Durchblicke vom Wohnbereich zur Diele und zum Treppenhaus. (oben)

Die Küche im Anbau – vorgeschobener Beobachtungsposten: Hier hat man den Überblick wer auf das Haus zukommt. (links)

Kompakt Konsequent Kontrovers

Nichts ist so schwer wie das Einfache. Das scheint allzu häufig auch im Einfamilienhausbau zuzutreffen. Was braucht man wirklich zum Wohnen? Noch immer überwiegt in unseren Landen der Erker-, Türmchen- und Gaubenlook. Doch der Architekturtrend geht seit ein paar Jahren in eine andere Richtung: Ballast wird abgeworfen, die Formen werden wieder reduzierter, klarer, strenger. Zum Beispiel bei diesem Haus.

Als das gelbe Haus entstand, sahen die Nachbarn rot. „Überall, wo Häuser gebaut werden, die etwas anders aussehen, gibt's Ärger mit den Nachbarn", sagt der Mainzer Architekt und Bauherr Ludwig Mann gelassen. Er und seine Familie haben nicht nur drei Gerichtsverfahren hinter sich gebracht – allesamt erfolgreich übrigens. Während der Bauphase wurden auch – von Unbekannt – Elektroleitungen

zerschnitten, die teure blaue Glasscheibe am Hauseingang zerkratzt, man versuchte, Fenster auszubauen: Mainz, wie es singt und lacht.

Kann man da noch von einem sogenannten „gehobenen" Wohngebiet sprechen? Man(n) kann. Denn es bleibt die schöne Lage. Der Blick geht ins Gonsbachtal, über Schrebergärten und die mäßig befahrene Straße hinweg auf

Die Klarheit des Entwurfs, der an die 20er Jahre erinnert, bezieht sich sowohl auf die äußere Gestaltung des Hauses wie auf das Innenleben. Versinnbildlicht wird dies im Durchblick durchs Haus von der Eingangstür bis in den Garten.

„Die Ausgeglichenheit der architektonischen Verhältnisse wird erst durch die Farbe sichtbare Realität“

Theo van Doesburg, 1924

den Gegenhang, an dem ein Zug in Richtung Alzey bummelt. „Das Tal dient als Kaltluftschneise für die Stadt und ist deshalb Landschaftsschutzgebiet“, erklärt Mann. Früher stand hier eine Gärtnerei, der Besitzer hat das Gelände in Baugrundstücke zerlegt und so reiche Ernte eingefahren.

Wer das schmale Gebäude in seiner – von der Farbe betonten – Klarheit, Strenge und Schnörkellosigkeit betrachtet, wird Disziplin für eine Primärtugend halten. Ein Gang ums Haus zeigt, wie konsequent die Fassaden komponiert sind. Auf der Nordseite zwei elegante, liegende Fensterbänder und die mit blauem Glas umfaßte Haustür, ein Beispiel dafür, wie die Straßenseite eines Hauses gelingen kann. West- und Ostseite kommen mit wenigen Hochformaten aus, die Südfront schließlich ist komplett verglast.

Fast wünscht man sich angesichts der formalen Klarheit ein Flachdach. Aber das wäre wohl kaum genehmigt worden. Architekt Mann entschied sich für versetzte Pultdächer mit Zinkblecheindekkung. „Das Zinkblech gefällt mir aus formalen Gründen, ich wollte eine große ruhige homogene Dachfläche“, sagt er. „Mit dem Pultdachversatz wollte ich zusätzlich Licht in das Arbeitszimmer holen.“ Auf Dachüberstände wurde verzichtet.

Die außen gezeigte Strenge setzt sich im Innern des Hauses fort. Ruhige Flächen ergänzen sich mit klarer Raumstruktur und edler, aber dezenter Möblierung. „Wir wollten mit möglichst wenigen Materialien auskommen“, verrät Mann ein weiteres Gestaltungsprinzip. Das Haus ist konventionell mit porosiertem

Ein höchst wirkungsvolles Rezept: ein klarer Baukörper ohne Schnörkel und aus wenigen Materialien

Die Beschränkung auf wenige Materialien – verputzte Ziegel, Holz, Naturstein und Stahl – unterstreicht im Zusammenspiel mit den Möbelklassikern die gestalterische Disziplin. Der Heizkamin strukturiert den Wohn-/Eßraum und trennt ihn optisch vom Eingangsbereich ab. Die Feuerstätte besteht aus einem mit Schamottsteinen gemauerten Block, vor den eine Stahlplatte vorgehängt ist, und dient als Ergänzung zur Fußbodenheizung. Die Küche kann mit einer Schiebetür zugemacht werden. Auf den beiden großen Bildern zu erkennen die Innenfenster im Obergeschoß, dahinter befindet sich das Arbeitszimmer.

Blick von der Galerie auf den Wohnbereich. Die Glasfront (Höhe 3,10 m) läßt sich dank der Klapptüren auf ganzer Breite öffnen. Der auf einer Stahlkonstruktion ruhende Balkon vergrößert den Wohnraum zum Garten und zum Tal hin.

Ziegel gemauert, nur das Untergeschoß wurde betoniert und gedämmt; die Wände sind geputzt, nicht tapeziert. Böden aus Holz ergänzen sich mit Natursteinbelägen im Eingang, in der Küche und in den Bädern. Hinzu kommt Stahl am Ofen und an den Treppen.

Das Raumprogramm ist ebenso einfach wie einleuchtend. Im Erdgeschoß findet sich das Zentrum des Wohnens mit der Küche und dem Wohn- und Eßzimmer. Dieses ist durch den Kaminblock strukturiert, der zudem optischen Schutz zum Eingang hin bietet. Der große Südbalkon vergrößert den Wohnbereich mit seiner schönen Aussicht aufs Tal, während der Eßbereich durch die Westterrasse eine Fortsetzung nach draußen erfährt. Im Untergeschoß wohnen die beiden Kinder, 14 und 18 Jahre alt, sie haben direkten Zugang zum Garten. Falls später gewünscht, kann unten eine Einliegerwohnung mit separatem Zugang eingerichtet werden. Im Obergeschoß schließlich haben die Eltern ihre Räumlichkeiten. Dazu gehört auch ein Arbeitszimmer, das von drei Seiten belichtet wird. Von oben durch den Pultdachversatz, von der (West)Seite und von vorn durch ein Innenfenster zum Wohnraum hin.

Noch ist es etwas kahl um das Mannsche Haus herum. Aber das wird sich im Frühling ändern. Dann wächst vielleicht nicht nur der Garten ein, sondern auch Gras über alle Streitsachen.

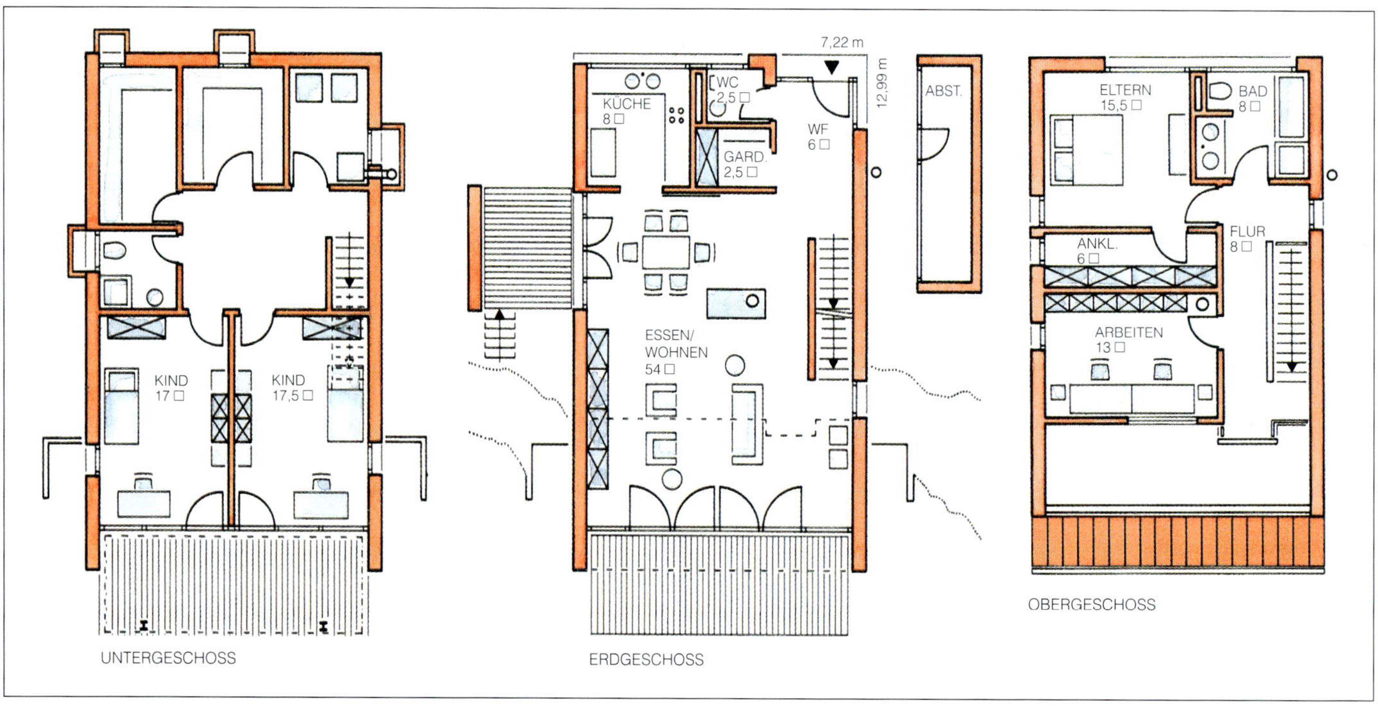

DATEN & FAKTEN

Architekt: Dipl.-Ing. Ludwig Mann, Büro Maurer/Mann/Schneberger, Gleiwitzer Str. 5 A, 55131 Mainz, Tel. (061 31) 952 66-10, Fax 952 66-13.
Baukosten: reine Baukosten 255 000 €, Architektenhonorar in Eigenleistung, Nebenkosten 17 000 €; Außenanlagen 12 000 €.
Baujahr: 1997-98.
Außenmaße: 7,22 m x 12,99 m.
Wohnflächen: UG 51 m², EG 80 m², OG 52 m².
Bauweise: Außenwände porosiertes Ziegelmauerwerk 36,5 cm, UG Betonwände gedämmt, Innenwände poros. Ziegel 24 & 11,5 cm; Stahlbetondecken; alle Wände und Decken verputzt; Holzrahmen-Fenster, z. T. als Faltanlage, mit Isolierverglasung (k-Wert 1,3 W/m²K); Stahl-/Holztreppen, Bodenbeläge Holz und Naturstein.
Dach: versetzte Pultdächer 15 und 20 ° geneigt, Kaltdach, Sparrenkonstruktion, Mineralwolledämmung 16 cm, Eindeckung Zinkblech.
Haustechnik: Gas-Zentralheizung, Brennwertkessel, Wärmeübertragung über Fußboden, Warmwasser zentral, Heizkamin.
Produktinformation: Mauerwerk – Poroton; Heizung – Buderus; Kamin – Tonart.

Fotos: Friedhelm Thomas

Wohnen auf einer Ebene

Das Wohnhaus vereint den Wunsch der Bauherrschaft nach einer hohen Wohnqualität und einer maximalen Ausnutzung der natürlichen Energieressourcen.

Raumprogramm und Grundriss
Die Grundriss-Organisation folgt konsequent der Nord/Süd-Ausrichtung des Baukörpers. Die südorientierten Aufenthaltsräume öffnen sich mit einer großflächigen Glasfassade zum Gartenbereich. Im Winterhalbjahr können die einfallenden Sonnenstrahlen zur Erwärmung der Raumluft ausgenutzt werden. Die sommerliche Verschattung wird durch das weit auskragende Dach und der Bepflanzung mit Laubgehölzen im Garten gewährleistet. Alle Nebenräume sowie der Eingangsbereich sind nach Norden orientiert und haben eine geschlossene Außenfassade.

Konstruktion und Material
Eine leichte Konstruktion mit verschiedenen Fassadenelementen charakterisiert das einstöckige Gebäude. Die Nordseite wird aus einer massiven Wand und einem durchgehenden Fensterband gebildet. Das um drei Grad geneigte Dach besteht aus einer Konstruktion aus Aluminiumblech und Holzsparren beziehungsweise -pfetten. Ein Stahlstützenraster trägt die Vertikallasten aus dem Dach in Einzelfundamente ab. Auf der Nordseite lagert die Dachkonstruktion zusätzlich auf einer Betondecke. Die Aussteifung in Gebäudelängsrichtung wird außerhalb über die Zugstabkonstruktion auf der Südseite, im Innern über zwei eingespannte Betonwände gewähr- ▶

leistet. In Querrichtung gibt es eine ausreichende Anzahl von Wänden zur Aussteifung des Baukörpers.

Auf dem Garagendach ist Platz für die gesamte Solartechnik. Die Fensterflächen der Süd-Fassade ermöglichen die passive Ausnutzung der Sonnenenergie.

Ökologische Aspekte

Das Gebäude wurde mit einem stufenweise zu realisierenden Ökologiekonzept errichtet. Die passive Ausnutzung der Sonnenenergie als erste Stufe des Ökologiekonzeptes wird durch die konsequente Grundriss-Organisation erreicht. In der zweiten Ausbaustufe wurde eine Brauchwasseranlage für den Anschluss von Waschmaschine, Toilettenspülung und Putzwasser sowie der Gartenbewässerung installiert, die durch das anfallende Niederschlagswasser auf dem großen Dach gespeist wird. Die dritte und vierte Ausbaustufe umfasste den Einsatz von aktiver Solartechnologie zur Gewinnung von Wärme und elektrischer Energie.

Architekt:

Hansen + Petersen, Plauenerstr. 21, 44139 Dortmund, Fon (0231) 129851, Fax (0231) 129852.

Baukosten:

Reine Baukosten 300000 €, Nebenkosten inkl. Architektenhonorar 40000 €, Außenanl. 30000 €.

Außenmaße:

9 x 29 m.

Wohnfläche:

EG ca. 270 m².

Bauweise:

Außenwände aus Stahlbeton, Stahl und einer Holzkonstruktion, 49 und 10 cm, Steinwolle-Dämmung 24 cm; Innenwände Holz-Leichtbau, 10 cm; Alu-Fenster mit Wärmeschutzglas, Fußbodenbeläge Holz und Naturstein, kein Keller.

Dach:

Pultdach 3° geneigt, 24 cm Mineralwolle-Dämmung, Kaltdach, Eindeckung: Aluminium.

Technik:

Gas-Brennwertheizung, zentral; Warmwasser zentral, Solaranlage; Wärmeübertragung Heizkörper; Kamin.

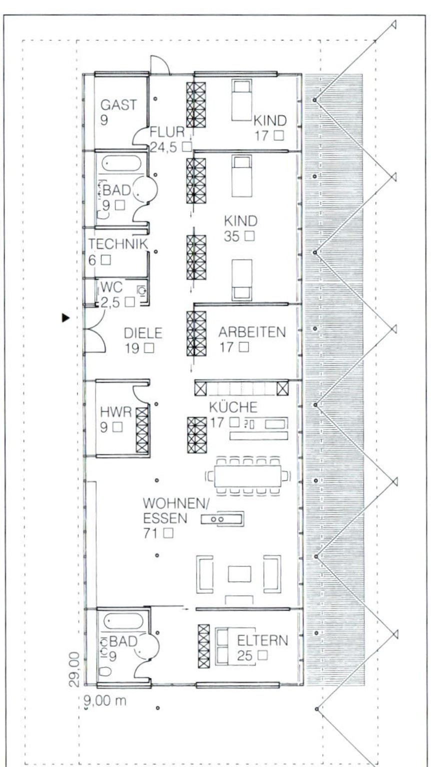

„Das weitauskragende Dach fasst alles zu einer Einheit zusammen"

Im Haus sind die natürlichen Oberflächen der verwendeten Materialien Beton, Stahl, Brettschichtholz und Aluminium zu sehen. Zusammen mit der einfachen Geometrie und Fügung der Bauteile bestimmen sie die architektonische Wirkung und die räumliche Atmosphäre des Gebäudes.

Geflügeltes Dach

Die auf dem Grundstück vorhandene Bebauung – ein kleines Häuschen mit nur einem Schlafraum – genügte den Bedürfnissen der vierköpfigen Familie nicht. Ein Umbau wäre zu aufwendig gewesen. So entschloss man sich zu einem Neubau, der ganz individuell auf die Ansprüche der Baufamilie zugeschnitten werden konnte.

Raumprogramm & Grundriss: Die gemeinsam genutzten Räume sollten großzügig zugeschnitten sein, die Individualräume Rückzug erlauben. Die Bereiche Wohnen und Essen wurden deshalb zu einem großen Raum im Erdgeschoss zusammengefasst. Daran schließt sich mit einem breiten Durchgang die geräumige Wohnküche an, die sich jedoch bei Bedarf mit einer Schiebetür abtrennen lässt. Das Obergeschoss bietet reichlich Platz für zwei Kinderzimmer, das elterliche Schlafzimmer und das Bad. Weitere Wohnräume stehen im Untergeschoss zur Verfügung. Da in diesem Bereich das Erdreich abgegraben wurde, entstanden hell belichtete Räume. Sie sind auch über eine Außentreppe zugänglich und könnten bei Bedarf als Einliegerwohnung eingerichtet werden.

Architektonische Gestaltung: Der Baukörper ist bewusst einfach gehalten – ein regelmäßiger Quader mit Einschnitten auf der Westseite für die Belichtung der Wohnräume im Untergeschoss sowie eine Loggia im Obergeschoss. Eine Zäsur gliedert das Gebäude in der Vertikalen. Der untere Teil wurde verputzt und blau gestrichen, der obere Teil zum Teil mit Metall verkleidet, zum Teil weiß verputzt. Die

Westfassade wird durch eine Mauerscheibe zweigeteilt, die sich nach oben verjüngt. Sie läuft genau auf den Knickpunkt des Daches zu und betont dessen Flügelform. Ein kreisrunder Ausschnitt von 1,5 Meter reduziert ihre massive Wirkung.

Haustechnische Besonderheiten: Die Technik im Haus ist über Instabus vernetzt. Per Computer lassen sich Heizungsanlage, Beleuchtung, Rollläden und die Alarmanlage zentral steuern, bestimmte Voreinstellungen programmieren (z.B. zu welcher Zeit die Rollläden hoch- bzw. runterfahren). Zukunftsvision ist im Moment noch der Zugang zur Instabusanlage per Telefon, der aber bald realisiert werden soll.

Eine Mauerscheibe gliedert die Westfassade in zwei Teile und unterstützt die Flügelform des Daches. Gleichzeitig ersetzt sie die Absturzsicherung zwischen Terrasse und abgeböschtem Untergeschoss.

„Die Flügelform des Daches war ein Wunsch des Bauherrn"

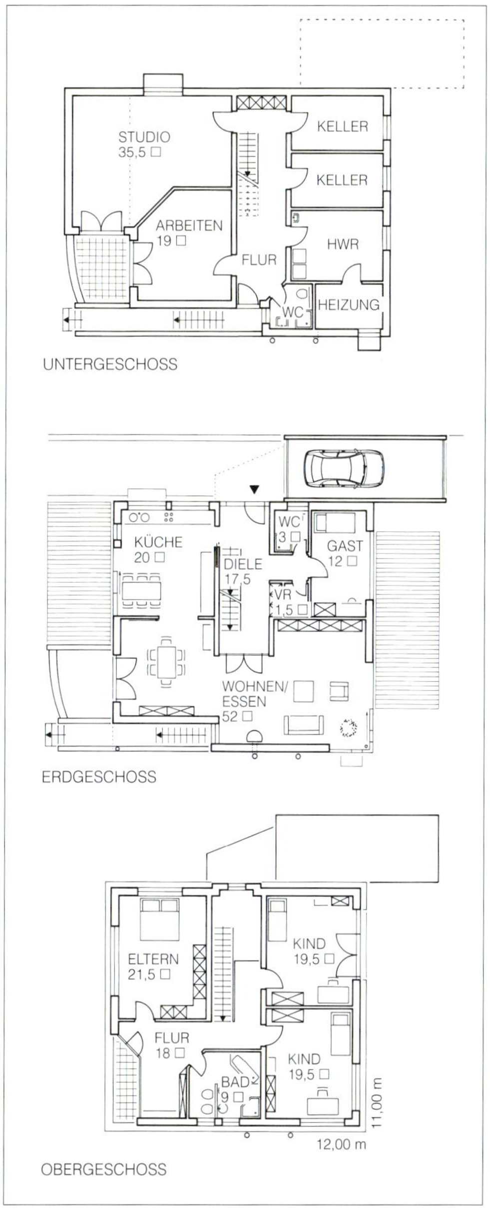

Architekt:
Andreas Kraus, Offenbacher Str. 98, 63263 Neu Isenburg, Fon (06102) 301731, Fax (06102) 301732.

Baukosten:
Reine Baukosten 425000 €, bewert. Eigenleistung 10000 €, Nebenkosten inklusive Architektenhonorar 62500 €.

Außenmaße:
11,0 x 12,0 m.

Wohnfläche:
UG 82 m², EG 126 m², DG 90 m².

Bauweise:
Außenwände 36,5 cm porosierte Ziegel, Fassade Putz und Aluwelle; Innenwände 11,5 cm + 24 cm poros. Ziegel; Holzrahmen-Fenster, k-Wert der Verglasung 1,1 W/m²K; massiv- und Stahltreppentreppen, Lauffläche Holz; Bodenbeläge Holz, Keramik, Naturstein; Vollkeller.

Dach:
Puldächer, 8° geneigt, Warmdach mit 20 cm Hartschaum-Dämmung, Betondecke.

Technik:
Gas-Brennwertheizung, Wärmeübertragung: Heizkörper u. Fußboden, Instabus.

WO STEHT WAS?